示范院校国家级重点建设专业

■ 建筑工程技术专业课程改革系列教材

——学习领域八

模板工程施工与组织

主　编　张小林　杨振华

中国水利水电出版社
www.waterpub.com.cn

内 容 提 要

本教材是示范院校国家级重点建设专业——建筑工程技术专业课程改革系列教材之一。本教材是借鉴德国先进的职业教育理念，以典型建筑结构构件为载体、以模板工程的施工过程为导向、以培养学生的职业能力为目标、以建筑行业模板工种的资格标准为依据编制而成的融教、学、做为一体的创新型高职教材。全书共分6个学习情境，主要包括：模板工程施工入门知识、柱模板工程施工与组织、墙模板工程施工与组织、梁板模板工程施工与组织、楼梯模板工程施工与组织、基础模板工程施工与组织。每个学习情境后增加了职业活动训练以加深理解。

本书可作为高职院校相关专业师生的学习参考书，也可供建筑工程现场施工人员及其他技术管理人员参考使用。

图书在版编目（CIP）数据

模板工程施工与组织/张小林，杨振华主编．—北京：中国水利水电出版社，2009（2019.1重印）
（示范院校国家级重点建设专业、建筑工程技术专业课程改革系列教材．学习领域八）
ISBN 978-7-5084-6681-1

Ⅰ．模…　Ⅱ．①张…②杨…　Ⅲ．①模板-建筑工程-工程施工-高等学校-教材②模板-建筑工程-施工组织-高等学校-教材　Ⅳ．TU755.2

中国版本图书馆CIP数据核字（2009）第127002号

书　名	示 范 院 校 国 家 级 重 点 建 设 专 业 建筑工程技术专业课程改革系列教材——学习领域八 **模板工程施工与组织**
作　者	主　编　张小林　杨振华
出版发行	中国水利水电出版社 （北京市海淀区玉渊潭南路1号D座　100038） 网址：www.waterpub.com.cn E-mail：sales@waterpub.com.cn 电话：（010）68367658（营销中心）
经　售	北京科水图书销售中心（零售） 电话：（010）88383994、63202643、68545874 全国各地新华书店和相关出版物销售网点
排　版	中国水利水电出版社微机排版中心
印　刷	北京瑞斯通印务发展有限公司
规　格	184mm×260mm　16开本　10印张　237千字
版　次	2009年7月第1版　2019年1月第3次印刷
印　数	3301—4300册
定　价	**32.00**元

凡购买我社图书，如有缺页、倒页、脱页的，本社营销中心负责调换

前言

本教材是示范院校国家级重点建设专业——建筑工程技术专业的课程改革成果之一。人才培养模式的改革是专业改革的重中之重，本专业的改革实施方案是借鉴德国的先进职业教育模式，结合中国国情，构建的以工作过程为导向的人才培养方案。根据改革实施方案和课程改革的基本思想，通过分析模板工程的工作过程，结合岗位要求和职业标准，形成模板工程施工的行动领域，按照模板工程施工的一个完整工作过程，把施工过程中所需的知识、能力和素质，构成学习领域八——《模板工程施工与组织》，主要涉及原学科体系中的《建筑施工技术》、《建筑施工质量检测》、《建筑工程测量》等课程的相关知识，该学习领域总学时为 90 学时。

本教材注重结合建筑行业的实际，体现建筑业人才需求的特点，借鉴德国“双元制”职业培训教材的编写经验，重点突出基本知识和基本技能及质量标准的熟悉，力求做到“简、实、新”。在内容编排上，以识读模板施工图→选择模板形式→进行模板设计→模板安装→安装质量检测→模板拆除→模板归堆与维修为主线，以某一个建筑结构构件为载体选择一种模板类型，构成了一个完整的工作过程。在编写过程中，突出了“以就业为导向、以岗位为依据、以能力为本位”的思想；体现两个育人主体、两个育人环境的本质特征，明确了在课堂、校内实训基地和校外实习基地的基本学时，依托仿真或真实的学习情境，配套了大量的工作页和学习页；注重职业能力的训练和个性培养，坚持学生知识、能力、素质协调发展，力求实现学生由“学会”向“会学”转变、教学过程“以教师为主”向“以学生为主”转变、理论和实践分开教学向两者融于工作过程教学转变。

本教材由杨凌职业技术学院张小林和杨振华主编并共同完成统稿，由西北农林科技大学辛全才副教授主审。全书共分为 6 个学习情境，由以下人员完成：杨凌职业技术学院张小林（学习情境 2、3），杨振华（学习情境 1），王琦（学习情境 4），陕西恒业建设集团宋勖（学习情境 5），陕西第八建筑工程公司李恩怀（学习情境 6）。

本教材在编写过程中，专业建设团队的领导和全体老师提出了许多宝贵意见，学院及教务处领导也给予了大力支持，同时得到陕西省第六建筑工程公司及陕西恒业建设集团的积极参与和大力帮助，在此表示最诚挚的感谢。

本教材引用了大量的规范、专业文献和资料，恕未在书中一一注明。在此，对有关作者表示诚挚的谢意。

本书的内容体系在国内属首次尝试，由于作者水平有限，恳请广大师生和读者对书中存在的缺点和疏漏提出批评指正，编者将不胜感激。

编者

2009 年 1 月

课 程 描 述 表

<table>
<tr><td colspan="6">学习领域八：模板工程施工与组织　　　第一学年　　　基本学时：90 学时
其中：理论 30 学时、校内实训 45 学时、企业实训 15 学时</td></tr>
<tr><td colspan="6">学习目标
● 能正确识读施工图；
● 能够识别各种不同类型的模板；
● 能进行木模板胶合板模板、竹胶板模板的加工；
● 能够进行模板设计，确定模板组合方案及模板数量；
● 能够利用力学知识确定模板支撑系统；
● 能运用流水施工原理、网络计划技术编制施工进度计划；
● 能进行施工准备；
● 能合作完成施工定位放线；
● 能进行模板及支撑系统施工；
● 能运用规范进行模板工程质量验收；
● 能进行模板的养护及堆放管理</td></tr>
<tr><td colspan="4">内容
◆ 55mm 型钢模板、胶合板模板、大模板、木模板、70mm 型模板的规格及连接件；
◆ 各类型模板组合方式；
◆ 木模板、胶合板模板的加工设备；
◆ 各类型模板的支撑系统；
◆ 柱、墙、梁板、楼梯、基础模板配置；
◆ 模板工程施工管理计划编制；
◆ 模板工程的施工准备；
◆ 模板的安装；
◆ 模板安装质量验收；
◆ 模板拆除；
◆ 模板维修与养护；
◆ 模板堆放；
◆ 模板需求计划编制</td><td colspan="2">方法
◆ 讨论；
◆ 演讲；
◆ 练习；
◆ 小组工作；
◆ 媒体介绍的个性工作；
◆ 现场；
◆ 实验；
◆ 仪器操作演练；
◆ 模拟工作过程；
◆ 项目教学；
◆ 企业实训</td></tr>
<tr><td colspan="2">媒体
■ 模板练习页 1.1；
■ 工程图 1.1；
■ 模板实物 1.1；
■ 流水工作页 1.1；
■ 录像、多媒体；
■ 质检表格页 1.1</td><td colspan="2">学生需要的技能
■ 建筑力学与结构；
■ 计算机支撑的学习；
■ 建筑制图与识图；
■ 施工进度计划的编制；
■ 质量验收；
■ 工作保护；
■ 架子</td><td colspan="2">教师需要的技能
■ 具有教师资格的学士/硕士；
■ 工程实践经验；
■ 建筑学；
■ 计算机基本应用；
■ 项目管理；
■ 测量学；
■ 施工规范与操作规程</td></tr>
</table>

目录

学习情境1　模板工程施工入门

学习单元1.1　模板的分类与识别

1.1.1　学习目标

(1) 会识别不同类型的模板、支撑体系及连接件。

(2) 会对不同类型的模板的质量进行检验和保管。

(3) 会识读不同结构构件的模板施工图。

1.1.2　学习任务

(1) 能够按材料不同对模板进行分类、识别。

(2) 能识别不同种类模板的连接件、支撑件。

(3) 能识读一般建筑结构施工图。

(4) 能了解我国模板发展的趋势。

1.1.3　学习内容

(1) 模板工程概况。

(2) 模板发展趋势。

(3) 模板的工程的组成、作用。

(4) 模板的分类。

(5) 我国新型模板体系简介。

(6) 模板工程施工方案编辑内容。

1.1.4　任务描述

了解模板发展的基本状况及未来发展的趋势，掌握模板工程的组成、作用，掌握模板工程设计的内容及要点，对我国模板工程的基本情况有一个全面的了解。

1.1.5　任务实施

1.1.5.1　模板工程概况

目前，高层建筑不仅在大城市得到迅速发展，而且在中、小城市发展也比较迅速。随着高层建筑的发展，现浇钢筋混凝土结构工程的比重也日渐增长，从而推动了建筑施工各个领域的发展；预拌混凝土、泵送混凝土、各种新型钢筋连接工艺和各种现浇混凝土的新型模板，都有了较快的发展。尤其是约占钢筋混凝土总造价25%、劳动量35%、工期50%～60%的模板工程，近年来有了更大的变化，对于加快施工进度、保证施工质量和降低模板成本，均起到了一定的作用。

随着我国经济的发展和基本建设任务的不断增长，我国模板工程技术的发展经历了几个不同的阶段。

20世纪50年代初，由于我国钢材缺乏，模板基本上采用传统的木模板（用原木锯成的木方和板材），楼板模板均采用1.5cm厚的板材，梁和柱模板采用3～5cm的厚板，骨架（或称龙骨）采用5～10cm方木，立柱一般采用10cm×10cm木方。这种木模工艺十分落后，不仅用工多、工期长、效率低、使用木材多，而且损耗大。

20世纪50年代末预应力多孔板有了较快的发展，开始时多在现场进行预制，生产工艺采用翻转模板或台座生产。当时，由于标准住宅设计还没有形成，因此仍有不少工程采用现浇钢筋混凝土楼板。这个阶段尽管大量使用木模，但木模工艺已逐步向定型化发展，利用短方木或短头板，经过加工拼制成50cm×100cm或不同规格的定型模板，既可用作楼板模板，也可用作梁、柱或墙模板。这样，不仅利用了大批短废木料，并且可以提高支拆模工效，大大减少了木材损耗，降低了成本。有的还用薄钢板将定型模板的板面包起来，不仅拆模后混凝土表面平整，并且可以增加定型模板的周转次数。这类模板一直使用到20世纪70年代中期，由于高层建筑和现浇钢筋混凝土结构尚未兴起，一般仍以砖混结构为主，所以模板技术的改进尚未引起重视，发展缓慢。

20世纪60年代初预制钢筋混凝土模板发展迅速，于是预制构件厂犹如雨后春笋迅速发展，采用钢模蒸养和长线法台座生产工艺，全国各地发展较快，全国形成推广预应力多孔板的热潮，各种钢、木预制构件模板大量涌现。

1976年北京前门十里长街40万m^2的高层住宅工程上马，采用了大模板施工新工艺，彻底改革了木模旧工艺。随着钢大模板的使用，同时又从日本引进了组合钢模板（小钢模）的技术，并且继续推广使用了预应力多孔板。在短短的3～5年内，施工现场采用小钢模和大模板有了迅速发展，因此木模使用量逐渐减少。

进入20世纪80年代，由于我国钢产量的增长，大量采用了钢管扣件脚手架作为模板支柱和独立式钢管支柱（后来发展为可调高度的支柱）及门式可伸缩的支架等，使模板支撑系统得到改革。

进入20世纪90年代，大钢模、组合钢模板以及模板支撑系统和模板的使用管理均有较快的发展。特别是随着我国胶合板（多层，厚度为9～18mm）工业的迅速发展，使用多层板（即木胶合板）作模板面板日益增多。其优点是自重轻、投资少，可减少模板拼缝，效率高，浇筑成形的混凝土构件质量好。后来又出现了竹胶合板，由于它具有资源丰富、质地坚硬、节约木材、价格合理等许多优点，故在全国各地很快得到普遍推广应用。采用整张木、竹多层胶合板的优点较多，可以浇筑出清水混凝土，不用抹灰，减少湿作业，所以颇受欢迎。

大模板作为混凝土剪力墙结构的主要模板品种，经过20多年的使用，已有许多改进。例如：由不变尺寸的定型钢大模板逐步改为可调尺寸的组合大模板，板面亦可采用木胶合板作板面，大模板的骨架也采用了装配式钢骨架，骨架和板面采用螺栓装配结合的方法。这样，在有大模板工程时可组装成大模板使用，无大模板工程时也可拆下来当一般模板使用，实现了一模多用。采用钢框木（竹）中型组合模板或用全钢中型组合模板组成的大模板，是当前较受欢迎的大模板，均可保证混凝土表面平整。

钢框木（竹）胶合板中型组合模板，近几年虽有发展，但发展较缓慢，主要原因是模板的刚度问题，如与小钢模配套使用的肋高为55mm的模板，因刚度差，损坏严重（主要是管理不善），效果较差；肋高为70mm的模板，结合快拆体系使用，效果较好。因此，现在国内对钢框木（竹）胶合板板面中型组合模板的肋高问题争议较多。肋高大时刚

度大，可以少用支撑和骨架，不易破坏，但造价较贵，且搬运不便；肋高较低刚度差，容易损坏，但一次投资较少（不包括骨架、支撑的投资）。目前总的趋势是向肋高方向发展。使用这类模板，关键是要加强管理，减少损坏。现在国外已逐步将钢框多层胶合板板面的尺寸加大，宽度为 800～1000mm，长度（即大模板高度）达 2400～3000mm，正好适合层高。为了增加其刚度，不再用大模板骨架，加大边框肋高（有的达 120mm 以上）。这类模板拼、拆简易，可直接用扣卡连接，无大模板工程时可拆除作一般模板使用，并且可以大大减少支撑系统用料，模板刚度好，不易变形，但价格昂贵，自重较大。全钢中型组合模板近几年发展较快，它解决了钢框木（竹）中型组合模板存在刚度差、易变形、板面易损坏的缺点，颇受欢迎。其优点是坚固、耐用、刚度好、周转次数多。

总之，当前使用各类组合模板突出的问题有：①施工单位因资金短缺，不愿在模板上投资添增新型、实用的模板；②模板的管理非常薄弱，损坏率很大。这些都是今后急需解决的问题。

除以上各种类型模板外，近 20 多年来使用较多的还有混凝土薄板和压型钢板作为永久性模板。其主要优点是取消了模板支拆工序，只需加设少量临时支撑。薄板底面平整光滑，不需要再抹灰。用薄板作永久模板，按配筋可分为三类：①预应力混凝土薄板（用冷拔丝或高强钢丝作为预应力筋）；②双钢筋混凝土薄板（用冷拔丝点焊成梯格形）；③冷轧扭钢筋作配筋的薄板。薄板厚度一般为 50～80mm。用钢筋混凝土薄板作永久性模板，具有现浇楼板和预制楼板两者的综合优点，各类管线仍可安放在薄板上部的现浇层中，薄板本身又是整个楼板的结构层；存在的问题是造价高，如果能在现场预制，并且现浇混凝土地面采取一次压光等措施，则可以降低工程造价。进入 20 世纪 90 年代以后这类薄板已不多使用，其原因是多方面的，如造价和需要运输等，但也有许多优点，如用于工期紧的工程，因此还是有一定的推广价值的。用压型钢板作永久性模板多适用于钢结构，一般采用 1mm 厚的镀锌或防腐处理的薄钢板经冷压制成带有梯形的板面，主筋放置在波的凹谷。用压型钢板作永久模板必须加吊顶。

20 世纪 80 年代初，在北京长城饭店施工中首次从美国引进 20K 飞模，优点很多。它把混凝土剪力墙大模板施工的原理移植到现浇混凝土楼板支模工程中，其主要优点是一次组装成型后，可以多次甚至几十次周转使用，不用反复组合、拆卸，这样可以大大减化混凝土楼板模板的支搭和拆除工艺，提高劳动效率，缩短施工工期。但我国尚未能广泛推广使用这一技术，原因是多方面的。因为飞模最适用于大跨度无梁楼盖，而目前我国采用无梁楼盖的工程很少。飞模一般可分为两种：一是桁架式飞模；另一种是立柱式或门架式飞模。以上两种飞模以钢管桁架式飞模适应性最强，在无飞模任务时，可当作一般楼板支撑用，不致于积压。

玻璃钢模板是近 10 多年来发展的又一种新型模板，较多地用于圆柱模板，亦可用于密肋楼盖的模壳。这类模板的优点是自重轻，拆模后混凝土表面光滑平整，不用再抹灰，支拆工艺简单，劳动效率高，模板周转快；缺点是成本较高，通用性不强。

各类模壳近几年来亦有使用，如北京西客站、北京图书馆等工程，都大面积地采用了塑料模壳（1200mm×1200mm），效果较好。模壳主要用于大跨度无梁楼盖，模壳用材一般为硬塑料。玻璃钢模壳坚固、耐用，自重亦轻，但造价较高。采用模壳浇筑成型密肋楼盖，应该是发展方向，它可以降低层高，节约钢筋、水泥，减轻结构自重，具有较好的经济效益。但由于我国无梁楼盖结构尚未形成标准体系，模壳的尺寸多变，极不统一，设计单位也很少采用这类结构，因此施工单位要花费大笔资金加工模壳，往往用了一个工程后，不能连续长期周转使用，综合经济效益较差。

预制构件模板也有了较大的突破，各种钢模板已在构件厂大量使用，并且钢模的结构、构造亦日趋合理，模板加工精度亦日益提高。尽管台座式生产构件的工艺迄今仍在使用，但为了保证构件的质量，不少台座底模都采用了硬塑料板或钢板，以确保构件底面光滑平整。大、中型构件（包括在现场预制的）一般也都采用了钢侧模，并且逐步向工具化模板方向发展。由于预制构件近10年来大量减少，不少构件厂都已关闭，所以预制构件已较少采用。

1.1.5.2　展望

在总结近年来模板发展的基础上，展望今后模板工程有以下发展趋势。

1. 进一步用好小钢模

尽管小钢模已有逐步淘汰的趋势，但在我国广大地区仍在继续使用。可以采取下列的一些措施来提高其使用效益：

(1) 要采取小钢模预拼制成整体安装工艺，一次组装后多次周转使用。实行整体安装、整体拆除、整体转移的“三整体”措施。

(2) 必须坚持进行模板设计工作。这是保证工程质量、合理使用小钢模、加强模板整体刚度和获得经济效益的重要保证。

(3) 加强管理，重视模板的修复工作。不合格、已变形的小钢模严禁使用。较大的施工现场应建立小钢模修理队伍，配备小钢模整修机具，延长小钢模使用寿命。

2. 积极发展全钢中型组合模板和钢框木（竹）胶合板中型组合模板

全钢中型组合模板和钢框木（竹）胶合板中型组合模板具有拼缝少、施工效率高等特点，尤其是要优先发展全钢中型组合模板，这是今后的发展方向。关于钢框木（竹）胶合板组合模板边框肋高的问题，即边框使用的钢材材质、压制的形式和尺寸、厚度以及与板面的固定方法，都需要进一步研究，进行优选，对组合中型模板的拼接方法以及拼制大模板的固定方法等均应进行综合研究。

3. 采用整张多层木（竹）胶合板（厚度一般为12～18mm）模板

整张多层木（竹）胶合板模板是最简易的工艺，其优点是自重轻，整体刚度好，防水、成型简便，块大拼缝少，劳动效率高，混凝土表面平整光滑，一般可达到清水混凝土要求，且一次投资少。拼缝处理一般可以采取粘贴胶条或纸条的办法。使用整张多层板的关键是如何减少拆模边角损坏和锯切问题。解决的方法是采取刷封边漆或铁皮包边角的措施和采用较好的脱模剂。在模板设计时，也要考虑如何减少锯切或利用已有锯切的规格料。对已锯切的小规格多层板，亦可制作成木制定型组合模板，仍可用于工程作为圈梁和柱模板。

4. 提倡采用快拆体系技术，坚持模板支撑系统与脚手架通用以减少投资

除钢管扣件脚手架可作模板支撑外，目前还有碗扣脚手架、多功能门式钢管脚手架。多功能门式架还可用作飞模骨架。碗扣式脚手架由于可以充分利用短钢管，无扣件，操作不用拧螺栓，支搭简易，效率高，因此颇受欢迎。脚手架和模板支撑通用是当前的发展趋

势，尤其在层高较高或立交桥工程中已大量推广应用。

模板的快拆体系技术，近几年来得到迅速地推广应用。它具有以下优点：

(1) 可提高工效、缩短工期。据有关资料介绍，工效可提高 1.3～1.8 倍，每层施工工期至少可缩短 1 天。

(2) 减少模板投入量。使用传统支撑体系，模板和支撑的配置量相等，如采用早拆体系技术，则模板的配置量约可减少 1/3～1/2。

(3) 做到文明施工，延长模板寿命。由于早拆支撑体系配有模板升降调节装置，操作方便，拆模安全；另外模板有支托，拆模时模板不会直接下坠落地，可以减少模板损耗。

(4) 可以节省施工费用。据测算，早拆支撑体系每平方米模板费用随着楼层的增加而减少。按三层一个周期计算，早拆体系的模板费用比传统支撑体系约降低 33%（其中人工费可减少 40%～50%），而且也相应节约提升运输机械费用。

早拆支撑体系还可用于梁模工程，进行分节拆模和快速拆除梁侧模。快拆体系不用多大投资，只要在传统的立柱（或脚手钢管）顶上加上一个“快拆头”即可。“快拆头”可以购置也可以自行加工。遗憾的是近几年快拆体系未能大力推广应用，主要是宣传力度不够，没有算好经济账。

5. 继续大力推广各种飞模、玻璃钢圆柱模和各类模壳

这类模板必须与结构标准化体系紧密结合，确保能够连续不断地使用。飞模最适宜用于无梁楼盖结构，所以今后飞模的发展前景，取决于无梁楼盖结构是否能够大力推广应用。各类模壳的应用也有类似的问题，决非施工单位单方所能取舍的，其中塑料模壳目前较受欢迎，但尺寸规格超过 1m×1m 后，就需要用铁件加固，并且在使用中损耗很大，急需改进，并要推广采用气压拆模和快速拆模。

玻璃钢圆柱模，要重点解决不同圆柱直径的玻璃钢模板的组合通用问题。最近有的工程采用“无胎平板玻璃钢圆柱模板”，效果更好。

6. 采用组合模板组拼的墙、柱模板，应坚持“三整体”原则

墙体模板可用中型全钢组合模板组装成的大模板，该大模板是由 600mm 宽、1800～2400mm 长（或按层高）不同规格的全钢中型组合楼板，组合成各种尺寸的整体大模板。其主要优点是，组合模板刚度大，不需另作骨架；模板块用特制的卡具连接，操作简便，拼装速度快，可整体吊装，节省用工；模板拼缝少，可做到清水模板不抹灰；模板不易损坏，面板可以更换。因此，尽管一次投资较大，但周转次数多，总体效益是好的。过去曾用钢框木（竹）胶合板板面的中型组合模板拼制的大模板，目前已很少使用。

至于柱、梁模，可采用与墙模相同的组合方法拼制，坚持整体预拼安装、整体脱模和整体拆模转移的“三整体”。柱模顶部应设置供浇筑混凝土用的操作平台，与柱模整体吊运转移。由于柱子规格尺寸不同，因此要考虑如何根据不同的柱子截面和高度来调整配置柱模。梁模的底模、侧模都采用预制拼装好的成型片模就位组装，也可以整体组装成梁模后一次安装就位。

7. 坚持“小流水段”施工工艺

模板的投入量与周转率有关。许多施工单位误认为要加快施工速度、缩短工期，就要多配模板，这种思想是错误的。众所周知，大模板施工工艺的最大优点就是模板周转率

高，柱子模板与墙体模板相似，只有梁、楼板模板的拆模，要求混凝土有一定的拆模强度，因此，可以采取缩小工作面的特点，采取“小流水段”施工方法。如果将“小流水段”施工方法与采用工具式模板、快拆体系模板以及钢筋预制绑扎和快硬混凝土等措施结合起来推广应用，则会有更明显的经济效益。

8. 加强模板管理，坚持模板设计，实行租赁承包责任制

当前模板管理混乱，损坏严重，长期未能很好地解决。国外一般都实行模板施工专业化，由模板专业公司承包模板工程，并且大部分模板公司都兼营脚手架，或称脚手架租赁公司。这类专业化很强的模板专业公司，对模板工程的科研、生产制造、使用、管理、维修和更新等一系列的工作都十分精通，具有很强的竞争能力。由于在全社会实行了专业化分工，因此模板的周转率也十分惊人。现在我国各地大、中型施工企业绝大多数是大而全或小而全，同一公司内部各自为政，需要模板时就购置，不用时就长期积压。近几年，随着我国预拌混凝土的发展，租赁模板的业务已出现，有些施工企业内部实行租赁，效果很好。在模板使用方面，不少地区仍采用传统做法，把模板交给施工人员或班组，由他们自己确定支模方案。自从组合钢模问世后，这种情况略有好转。目前，一些大的工程，都已有专职工程技术人员进行模板设计，但没有形成一种制度。模板设计是搞好现浇钢筋混凝土结构、合理使用模板获得经济效益的一个重要方面，对工程进度和保证混凝土工程质量关系极大。随着各项管理工作不断现代化和科学化，今后必须重视模板设计，进一步推动模板工程技术水平的提高和发展。

9. 结合工程实际情况，正确优先选用各种模板

针对不同的工程情况，根据各企业条件，正确选用各种不同的模板，这是使用模板的重要经验。多年来的实践已经总结了不少宝贵经验。既要因地制宜，利用现有资源条件，又要不断创新开发新资源；既要保证质量，不能使用不合格的旧模板，又不能花更多的资金去全部更新新型模板。根据近几年在模板发展使用方面的经验，现作以下建议：

（1）建议楼板模板采用整张多层板（木、竹均可），尽量采用酚醛覆面的15～18mm厚的多层板。该种面板经多次使用后边缘受损，要及时进行切割，确保多层板边缘平整。

（2）梁、柱模板宜采用中型组合模板，由于梁、柱截面变化多，不宜用多层板切割。

（3）墙模可用中型组合模板拼制成大模板后整体支、拆，也可用整张多层板拼制成大模板，也可以用全钢大模板。一般同类型的高层建筑群体尽量统一，以确保有较高的使用周转率。

（4）充分利用经多次切割后的旧多层板及短残方木制作成各种规格的中、小型木组合模板，用于各种中、小型现浇混凝土构件，但必须确保这些木定型模板的肋高统一尺寸，板面平整、自重轻、刚度好、不易损坏。

（5）充分利用现有小钢模，并做到清水混凝土要求。根据一些企业的经验，可以在组合小钢模的面层用塑料板或其他薄板覆面，使用在楼板、剪力墙或其他构件上。

（6）圆弧形墙体日渐增多，并且曲率多变，加工定型圆弧模板后，使用几次就要改变，费工费料，最近有些工程大面积推广应用了“曲率可调弧型模板”，通过调节器调节出任意半径的弧线模板，效果显著，值得大力推广应用。

（7）超高层或高层建筑的核心筒宜采用“液压爬升模板”，爬升模板工艺综合了大模板和滑动模板的各自优点，它可以随着结构施工逐层上升，施工速度较快，节省场地和塔吊吊次，高空作业安全，不搭外脚手架，施工方便，尤其适用于钢结构的混凝土内筒的施工作业。

10. 不断总结，不断创新，为继续发展有中国特色的模板工程而努力奋斗

我国的模板发展趋势应该向着精、轻、耐用的方向发展。首先是精，要精度高，无论是模板的平整度、光滑度都需要提高，只有模板精度高了，才能浇筑出清水混凝土或装饰混凝土；其次是轻，要降低工人体力劳动的强度，做到搬运操作方便，提高工效，这就需要壁薄、材质轻、刚度高的模板；最后是耐用，增加模板的周转次数，坚固耐用，延长模板使用寿命，降低模板成本。

1.1.5.3　模板工程

1. 模板工程的作用、组成

模板是钢筋混凝土按设计形状成型的模具。钢筋混凝土结构的模板由模板及支撑系统两部分组成。

模板直接接触混凝土，使混凝土浇筑成设计所规定的形状和尺寸。模板要承受自重和在它上面的结构重量及施工荷载。

支撑系统是保证模板形状、尺寸及空间位置准确性的构造措施。根据不同的结构特征及所处空间位置分别选择和设计不同的支撑系统，其内容将在以后各学习情境中加以介绍。

2. 模板的分类

（1）按材料性质分类。按材料的性质可分为木模板、钢模板、塑料模板和其他模板。

1）木模板。混凝土工程开始出现时，都是使用木材来做模板。木材被加工成木板、方木，然后经过组合成构件所需的模板。20 世纪 50 年代我国现浇结构模板主要采用传统的手工拼装木模板，耗用木材量大，施工方法落后。近些年，出现了用多层胶合板做模板面料进行施工的方法。对这种胶合板做的模板，国家专门制定了混凝土模板用胶合板的专业标准，对模板的尺寸、材质、加工提出了规定。用胶合板制作模板，加工成型比较省力，材质坚韧、不透水、自重轻，浇筑出的混凝土外观比较清晰美观。

2）钢模板。国内使用的钢模板大致可分为两类。一类为小块钢模，是以一定尺寸模数做成不同大小的单块钢模，最大尺寸是 300mm×1500mm×50mm，在施工时拼装成构件所需的尺寸，亦称为小块组合钢模，组合拼装时采用 U 形卡将板缝卡紧形成一体；另一类是大模板，用于墙体的支模，多用在剪力墙结构中，模板的大小按设计的墙身大小而定型制作。

3）塑料模板。塑料模板是随着钢筋混凝土预应力现浇密肋楼盖的出现而创制出来的。其形状如一个大方盆，支模时倒扣在支架上，底面朝上，称为塑壳定型模板。在壳模四侧形成十字交叉的楼盖肋梁。其优点是拆模快，容易周转；不足之处是仅能用在钢筋混凝土结构的施工中。

4）其他模板。20 世纪 80 年代中期以来，现浇结构模板趋向多样化，发展更为迅速。主要有玻璃钢模板、压型钢模、钢木（竹）组合模板、装饰混凝土模板以及复合材料模

板等。

(2) 按施工工艺条件分类。按施工工艺条件可分为现浇混凝土模板、预组装模板、大模板、跃升模板水平滑动的隧道工模板和垂直滑动的模板等。

1) 现浇混凝土模板。根据混凝土结构形状不同就地形成的模板，多用于基础、梁、板等现浇混凝土工程。模板支撑系多通过支于地面或基坑侧壁以及对拉的螺栓承受混凝土的竖向和侧向压力。这种模板适应性强，但周转较慢。

2) 预组装模板。由定型模板分段预组成较大面积的模板及其支撑体系，用起重设备吊运到混凝土浇筑位置。多用于大体积混凝土工程。

3) 大模板。由固定单元形成的固定标准系列的模板，多用于高层建筑的墙板体系。用于平面楼板的大模板又称为飞模。

4) 跃升模板。由两段以上固定形状的模板，通过埋设于混凝土中的固定件，形成模板支撑条件承受混凝土施工荷载，当混凝土达到一定强度时，拆模上翻，形成新的模板体系。多用于变直径的双曲线冷却塔、水工结构以及设有滑升设备的高耸混凝土结构工程。

5) 水平滑动的隧道工模板。由短段标准模板组成的整体模板，通过滑道或轨道支于地面、沿结构纵向平行移动的模板体系。多用于地下直行结构，如隧道、地沟、封闭顶面的混凝土结构。

6) 垂直滑动的模板。由小段固定形状的模板与提升设备，以及操作平台组成的可沿混凝土成型方向平行移动的模板体系。适用于高耸的框架、烟囱、圆形料仓等钢筋混凝土结构。根据提升设备的不同，又可分为液压滑模、螺旋丝杠滑模以及拉力滑模等。

1.1.5.4　我国新型模板体系简介

所谓新型模板是相对于传统模板而言的以新材料、新技术、新工艺、新品种面貌出现的一种模板。具有模板标准化、模数化，配件配套齐全、产品质量高，施工工艺技术先进、施工速度快，工程质量优良、机械化水平高、安装拆除方便、确保施工安全，周转使用次数多、摊销费用少、综合经济效益显著等特点，是值得大力推广使用的一种模板体系。

我国的新型模板体系比较完整，可以说国外有的模板，现在国内大部分都有，但对一个模板公司来讲，目前还没有一家公司有完整的模板体系，品种都比较单一。我国新型模板体系见表1.1。

表1.1　　我国新型模板体系

序号	模板系统	模板类型		备注
1	墙体模板系统	全钢大模板	定型整体大模板	图1.1
			组拼式大模板	
			通用组合大模板	
		钢框胶合板大模板	实腹钢框胶合板大模板	图1.2
			空腹钢框胶合板大模板	图1.3
		钢框胶合板组合模板		
		木梁钢楞胶合板模板		图1.4

续表

<table>
<tr><th>序号</th><th>模板系统</th><th colspan="2">模　板　类　型</th><th>备　注</th></tr>
<tr><td rowspan="10">1</td><td rowspan="10">墙体模板系统</td><td colspan="2">隧道模板</td><td></td></tr>
<tr><td colspan="2">悬臂模板</td><td>图 1.5</td></tr>
<tr><td colspan="2">可调曲率弧形模板</td><td></td></tr>
<tr><td rowspan="3">门窗洞口模板</td><td>全钢整装整拆</td><td>图 1.6</td></tr>
<tr><td>全钢散装散拆</td><td></td></tr>
<tr><td>木板钢角模夹具</td><td></td></tr>
<tr><td colspan="3">阳台模板</td></tr>
<tr><td rowspan="2">电梯井筒模板</td><td>可变角模</td><td>图 1.7</td></tr>
<tr><td>直角角模</td><td></td></tr>
<tr style="display:none"></tr>
<tr><td rowspan="8">2</td><td rowspan="8">柱子模板系统</td><td rowspan="2">可调截面柱模板</td><td>模板 T 形连接三角形直弯背楞</td><td>图 1.8</td></tr>
<tr><td>模板 L 形连接 L 形背楞</td><td>图 1.9</td></tr>
<tr><td colspan="2">固定截面柱模板</td><td></td></tr>
<tr><td colspan="2">圆形柱钢模板</td><td>图 1.10</td></tr>
<tr><td colspan="2">玻璃钢圆柱模板</td><td></td></tr>
<tr><td colspan="2">钢框胶合板柱模板</td><td></td></tr>
<tr><td colspan="2">木梁钢楞胶合板柱模板</td><td></td></tr>
<tr><td colspan="2">特大异形柱模板</td><td>图 1.11</td></tr>
<tr><td rowspan="9">3</td><td rowspan="9">梁板模板系统</td><td colspan="2">工字形木（钢）梁胶合板模板</td><td>图 1.12</td></tr>
<tr><td colspan="2">铝梁胶合板模板</td><td></td></tr>
<tr><td colspan="2">钢框胶合板模板</td><td></td></tr>
<tr><td colspan="2">密肋板塑料模壳</td><td>图 1.13</td></tr>
<tr><td colspan="2">密肋板玻璃钢模壳</td><td></td></tr>
<tr><td colspan="2">全钢梁模板</td><td></td></tr>
<tr><td colspan="2">全钢梁柱节点模板</td><td></td></tr>
<tr><td colspan="2">楼梯踏步钢模板</td><td></td></tr>
<tr><td colspan="2">台模（飞模）</td><td>图 1.14</td></tr>
<tr><td rowspan="9">4</td><td rowspan="9">水平支撑系统</td><td rowspan="5">独立式早拆支撑</td><td>可调钢支撑</td><td>图 1.15</td></tr>
<tr><td>折叠三脚架</td><td></td></tr>
<tr><td>工字形木梁（钢梁）</td><td></td></tr>
<tr><td>铝梁</td><td></td></tr>
<tr><td>几字形钢梁</td><td></td></tr>
<tr><td rowspan="4">承插式脚手架支撑</td><td>碗扣式</td><td>图 1.16</td></tr>
<tr><td>楔紧式</td><td></td></tr>
<tr><td>圆盘式</td><td></td></tr>
<tr><td>卡板式</td><td></td></tr>
</table>

续表

<table>
<tr><th>序号</th><th>模板系统</th><th colspan="3">模　板　类　型</th><th>备　注</th></tr>
<tr><td rowspan="3">4</td><td rowspan="3">水平支撑系统</td><td colspan="3">门式脚手架支撑</td><td>图 1.17</td></tr>
<tr><td colspan="3">方框塔形架支撑</td><td rowspan="2">图 1.18</td></tr>
<tr><td colspan="3">三角框塔形架支撑</td></tr>
<tr><td rowspan="9">5</td><td rowspan="9">滑升模板系统</td><td colspan="3">高层建筑全剪力墙滑模</td><td></td></tr>
<tr><td colspan="3">高层建筑框架结构滑模</td><td></td></tr>
<tr><td colspan="3">高桥墩滑模</td><td></td></tr>
<tr><td colspan="3">筒体滑模</td><td></td></tr>
<tr><td colspan="3">烟囱、电视塔等锥体滑模</td><td></td></tr>
<tr><td colspan="3">大坝等斜面滑模</td><td></td></tr>
<tr><td colspan="3">挡土墙等水平滑模</td><td></td></tr>
<tr><td colspan="3">竖井、坝体等单面滑模</td><td></td></tr>
<tr><td colspan="3">托带上部结构同步滑模</td><td></td></tr>
<tr><td rowspan="9">6</td><td rowspan="9">爬升模板系统</td><td rowspan="6">高层建筑爬升模板</td><td rowspan="3">液压爬升模板</td><td>60kN 千斤顶，以钢管为支撑</td><td></td></tr>
<tr><td>200kN 千斤顶，以结构为支撑</td><td></td></tr>
<tr><td>液压油缸，以埋件为支撑</td><td></td></tr>
<tr><td colspan="2">电动爬升模板</td><td></td></tr>
<tr><td colspan="2">手动葫芦爬升模板</td><td></td></tr>
<tr><td colspan="2">吊爬升模板</td><td></td></tr>
<tr><td rowspan="2">高桥墩爬升模板</td><td colspan="2">液压爬升模板</td><td></td></tr>
<tr><td colspan="2">吊爬升模板</td><td></td></tr>
<tr><td colspan="3">竖向可调曲率爬升模板</td><td></td></tr>
<tr><td rowspan="6">7</td><td rowspan="6">桥梁模板系统</td><td colspan="3">矩形桥墩钢模板</td><td>图 1.19</td></tr>
<tr><td colspan="3">矩形桥墩钢框胶合板模板</td><td>图 1.20</td></tr>
<tr><td colspan="3">圆形桥墩钢模板</td><td></td></tr>
<tr><td colspan="3">盖梁模板</td><td></td></tr>
<tr><td colspan="3">T 形梁模板</td><td>图 1.21</td></tr>
<tr><td colspan="3">箱形梁模板</td><td>图 1.22</td></tr>
</table>

1.1.5.5　模板工程施工方案编制内容

1. 模板工程施工方案的编制程序

阅读图纸资料→划分施工流水段→确定结构工期→计算模板周转使用次数→分部分项选择模板品种→确定模板施工技术方案→选择模板插图。

2. 编制的主要内容

（1）模板选择。根据投标工程的具体情况，如结构形式、流水段的划分、工期要求、周转使用次数及技术方案等因素，对结构分部分项工程进行模板选择，并填入表 1.2 分部分项工程模板做法选择表中。

表 1.2 分部分项工程模板做法选择

序号	分部分项工程	选择模板品种	备注
1	基础边模	55mm 组合小钢模	
2	基础梁侧模	55mm 组合小钢模	
3	独立柱	86mm 可调截面柱模板	
⋮	⋮	⋮	

(2) 模板配置。根据投标工程流水段的划分、模板安装拆除程序及混凝土养护时间等因素，确定“形象数量”，即以段、套、层为形象概念的数量，填入表 1.3 主要模板配置数量表中，至于实际计算数量，另填入技术方案交底相应的表格中。

表 1.3 主要模板配置数量表

序号	模板名称	单位	形象数量	备注
1	基础模板	段	1	
2	地下室外墙模板	段	2	
3	剪力墙模板	层	1	
⋮	⋮	⋮	⋮	

(3) 模板做法。

1) 按照各分部分项工程选择的模板种类，参照施工规范、其他已完成工程资料，填写模板做法的要点。

2) 编制各分部分项工程模板的安装程序、安装方法、安装质量检测要求。

3) 选择模板工程的支撑体系。

(4) 编制模板的拆除、质量标准及质量保证措施。

(5) 制定质量通病的防治的措施。

(6) 编制模板需求量计划。

(7) 根据模板施工工艺、模板品种及模板类型选择相应的插图。

1.1.6 职业活动训练

(1) 组织学生参观施工现场。

(2) 组织学生参观实训场地内的模板类型，如图 1.1～图 1.22 所示。

图 1.1 定型整体全钢大模板

图 1.2 实腹钢框胶合板大模板

图1.3 空腹钢框胶合板大模板

图1.4 木梁钢楞胶合板模板

图1.5 悬臂模板

图1.6 门窗洞口模板

图1.7 电梯井筒模板

图1.8 可调截面柱模板（T形）

图 1.9　可调截面柱模板（L 形）

图 1.10　圆形柱钢模板

图 1.11　特大异形柱模板

图 1.12　工字形木（钢）梁胶合板模板

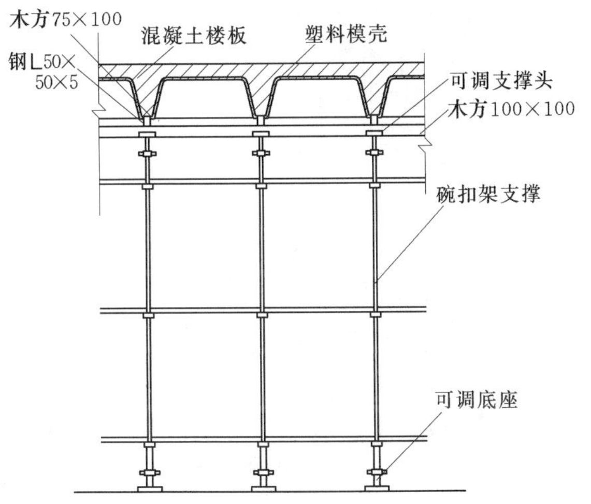

图 1.13　密肋板塑料模壳

图 1.14　台模

图 1.16　碗扣式脚手架

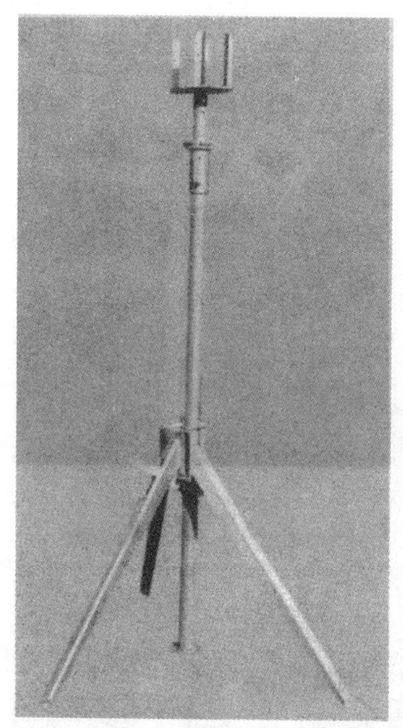

图 1.15　独立式可调钢支撑

图 1.17　门式脚手架

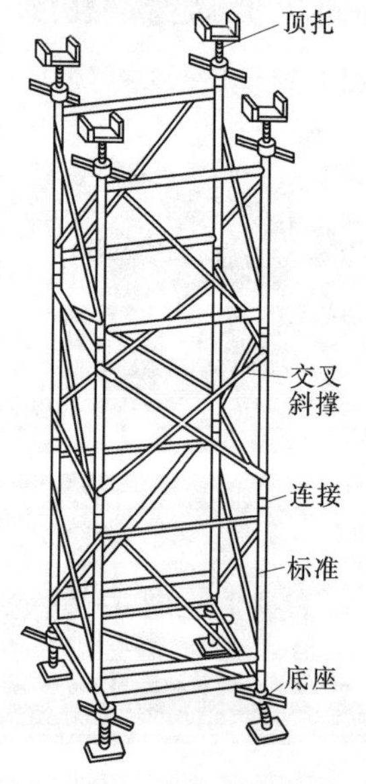

图 1.18　方框及三角框塔形架

图 1.19　矩形桥墩钢模板

图 1.20　矩形桥墩钢框胶合板模板

图 1.21　T 形梁模板

图 1.22　箱形梁模板

学习单元 1.2　施工管理计划编制

1.2.1　学习目标

（1）会编制施工计划管理文件。

（2）会编制施工技术管理文件。

（3）会编制施工安全管理文件。

（4）能从事模板工长的主要工作。

1.2.2　学习任务

（1）能制定施工作业计划，熟悉施工顺序。

(2) 能制定施工组织设计，编制技术交底文件，进行工程档案的管理。

(3) 能编制安全技术措施计划，进行安全生产检查。

(4) 能制定技术准备工作计划，对施工班组、工人进行技术交底。

(5) 能填写施工日志。

1.2.3　学习内容

(1) 施工计划管理。

(2) 施工技术管理。

(3) 安全管理。

(4) 施工工长的主要工作。

1.2.4　任务描述

施工计划是建筑工程施工顺利实施的前提，编制施工作业计划是每个从事建筑施工人员必须具备的基本技能，通过本单元的学习，要求学生掌握施工计划管理的分类、作用及内容，编制施工计划管理文件的基本依据和程序，施工的基本程序及开工、竣工应具备的条件，技术交底、安全管理、施工日志编写等相关内容，通过学习，完成建筑工程施工管理等相关知识。

1.2.5　任务实施

1.2.5.1　施工计划管理

1. 施工作业计划

(1) 计划的分类和内容见表1.4。

表1.4　施工作业计划的分类和内容

类别	中长期计划	年度计划	季度计划	月计划
作用	指明发展方向、经营方针和经营目标	贯彻经营方针，实现经营目标，指导全年施工生产经营活动	贯彻、落实年度计划，控制月计划	指导日常施工生产经营活动，是年、季计划的具体化
内容	(1) 经营基本方针； (2) 经营目标； (3) 市场开拓规划； (4) 技术开发规划； (5) 人员与装备规划； (6) 基地建设规划； (7) 多种经营规划； (8) 企业体制改革和管理手段现代化规划	(1) 综合经济效益计划； (2) 承包工程计划； (3) 施工计划； (4) 劳动、工资计划； (5) 材料供应计划； (6) 机械设备配置计划； (7) 技术组织措施计划； (8) 成本计划； (9) 财务计划； (10) 附属辅助生产计划； (11) 本身基建和企业改造计划； (12) 职工培训计划	(1) 综合经济效益计划； (2) 施工计划； (3) 劳动生产率职工人数计划； (4) 物资采购运输和供应计划； (5) 机械设备能力平衡计划； (6) 技术组织措施计划； (7) 成本计划； (8) 财务收支计划； (9) 附属辅助生产计划	(1) 基本指标汇总表； (2) 施工进度计划； (3) 劳动力需要量计划； (4) 材料、半成品需要计划； (5) 机械设备使用计划； (6) 提高劳动生产率降低成本措施计划； (7) 工业产品生产计划； (8) 财务收支计划； (9) 经营业务活动计划

(2) 编制前准备工作、编制基本依据和编制程序见表1.5。

表 1.5 编制前准备工作、基本依据和程序

项 目	说 明
编制计划前准备工作	(1) 编好单位工程预算，进行工料分析，提出降低成本措施； (2) 根据总进度、总平面等的要求确定施工进度和平面布置； (3) 签订分包协议或劳务合同； (4) 主要材料设备和施工机具的准备； (5) 施工测量和抄平放线； (6) 劳动力的配备； (7) 施工技术培训和安全交底等
编制计划的基本依据	(1) 年、季计划，施工组织设计，施工图纸，有关技术资料和上级文件，施工合同等； (2) 上一计划期的工程实际完成情况，新开工程的施工准备工作情况； (3) 计划期内的物资、加工品、机械设备的落实情况； (4) 实际可能达到的劳动效率、机械的台班产量、材料消耗定额等
编制计划的程序	熟悉图纸、了解施工工艺，确定施工顺序；施工预算→施工进度计划→劳动力计划、机械计划、材料计划、加工品计划→综合平衡落实→修订计划→下达计划

2. 施工顺序和开工、竣工条件

(1) 施工顺序。施工顺序是指一个建设项目（包括生产、生活、主体、配套、庭院、绿化、道路以及各种管道等）或单位工程，在施工过程中应遵循的合理的施工顺序。对于一个工程的全部项目来讲，应该是：

1) 首先搞好基础设施，包括红线外的给水、排水、电、通信、煤气热力、交通道路等；后红线内。

2) 红线内工程，先全场性的，包括场地平整、道路、管线等，后单项；先地下、后地上。

3) 全部工程在安排时要主体工程和配套工程（变电室、热力点、污水处理等）相适应，力争配套工程为施工服务，主体工程竣工时能投产使用。

(2) 开、竣工应具备的条件见表 1.6。

表 1.6 开工和竣工条件

项 目	说 明
开工条件	(1) 有完整的施工图纸，或按组织设计规定分阶段所必须具备的施工图纸； (2) 有建设主管部门签发的施工许可证； (3) 财务和材料渠道已经落实，并能按工程进度需要拨料和拨款； (4) 签订施工协议或根据设计预算签订施工合同； (5) 施工组织设计已经批准； (6) 加工订货和设备已基本落实； (7) 有施工预算； (8) 已基本完成施工准备工作，现场达到“三通一平”（即水通、电通、路通，现场平整）
竣工条件	(1) 全部完成经批准的设计所规定的施工项目； (2) 工业项目要达到试运转或投产，民用工程要达到使用要求； (3) 主要的附属配套工程，如变电室、锅炉房或热力点、给水排水、煤气、通信等已能交付使用； (4) 建筑物周围按规定进行了平整和清理，做好园林绿化； (5) 工程质量经验收合格

1.2.5.2　施工技术管理

1. 施工技术管理的主要工作

（结合设计、图纸会审、技术交底）编制施工组织设计→材料实验、贯彻技术措施、质量检验→工程档案→竣工验收。

2. 施工组织设计

（1）施工组织设计分类，见表1.7。

表1.7　施工组织设计分类

项目分类	说明
施工组织总设计	它是以整个建设项目或建筑群为对象，要对整个工程施工进行全盘考虑、全面规划，用以指导全场性的施工准备和有计划地运用施工力量开展施工活动，确定拟建工程的施工期限、施工顺序、施工的主要方法、重大技术措施、各种临时设施的需要量及施工现场的总平面布置，并提出各种技术物资的需要量，为施工准备创造条件
施工组织设计（或施工设计）	它是以单项工程或单位工程为对象，用以直接指导单位工程或单项工程的施工，在施工组织总设计的指导下，具体安排人力、物力和建筑安装作业，是制订施工计划和作业计划的依据
分部（项）工程施工设计	它是指重要或是新的分项工程或专业施工的分项设计。如基础、结构、装修分部；深基坑挡土支护、钢结构安装和冬雨期施工，以及新工艺、新技术等特殊的施工方法等

（2）施工组织设计的主要内容和编制程序。熟悉、审查图纸，收集资料→计算工程量→确定施工方案和施工方法→编制施工进度计划和总平面图→编制施工机具、设备计划；材料、加工半成品需要量计划→编制劳动力需用计划→确定生产、生活临时供水、供电、供热管线等措施→编制运输计划→编制施工准备工作计划→设计分阶段施工平面图→核定技术经济指标→审批。

（3）编制施工组织总设计的条件及主要技术经济指标，见表1.8。

表1.8　编制施工组织总设计的参考资料

类别	名称	内容说明
自然条件资料、地形资料	建设地区地形图	比例尺一般不小于1：2000，等高线差为5～10m，图上应注明居住区、工业区、自来水厂、车站、码头、交通道路和供电网路等位置
	工程位置地形图	比例尺一般为1：2000或1：1000，等高线差为0.5～1.0m，应注明控制水准点、控制桩和100～200m方格坐标网
工程地质资料	建设地区钻孔布置图、工程地质剖面图、地区土层物理力学性质资料，土层试验报告，地震试验	表明地下有无古墓、洞穴、枯井及地下构筑物等满足确定土方和基础施工方法的要求
水文资料	地下水资料	表明地下水位及其变化范围，地下水的流向、流速和流量，水质分析等
	地面水资料	邻近的江河湖泊及距离、洪水、平水及枯水期的水位、流量和航道深度、水质分析等

续表

类别	名　称	内　容　说　明
气象资料	气温资料	年平均、最高、最低气温，最热、最冷月的逐月平均气温，冬、夏季室外计算气温，不大于－3℃、0℃、5℃的天数及起止时间等
	降雨资料	雨季起讫时间、全年降水量及日最大降水量
	风的资料	主导风向及频率、全年 8 级以上大风的天数及时间
技术经济资料	地方资源情况	当地有无可供生产建筑材料及建筑配件的资源，如石灰岩、石山、河沙、黏土、石膏及地方工业的副产品（粉煤灰、矿渣等）及其蕴藏量、物理化学性能及有无开采价值
	建筑材料构件生产供应情况	（1）当地有无采料场、建筑材料和构配件生产企业，其分布情况及隶属关系，其产品种类和规格，生产和供应能力，出厂价格、运输方式、运距、运费等； （2）当地建筑材料市场情况
	交通运输情况	（1）铁路：邻近有无可供使用的铁路专用线，车站与工地的距离、装卸条件、装卸费及运费等； （2）公路：通往工地的公路等级、宽度、允许最大载重量，桥涵的最大承载力和通过能力，当地可提供的运力和车辆修配能力； （3）水运和空运的有关情况
	供水、供电情况	（1）从地区电力网取得电力的可能性、供应量、接线地点及使用条件等； （2）水源及可供施工用水的可能性、供水量、连接地点，现有给水管径、埋深、水压等
	劳动力及生活设施情况	（1）当地可提供的劳动力及劳动力市场情况，可作为施工工人和服务人员的数量和文化技术水平； （2）建设地区现有的可供施工人员用的职工宿舍、食堂、浴室，文化娱乐设施的数量、地点、面积、结构特征、交通和设备条件等
技术经济指标	施工工期	从工程正式开工到竣工所需要的时间
	劳动生产率	（1）产值指标： 建安工人劳动生产率＝自行完成施工产值/建安工人平均人数 （2）实物指标： 工人劳动生产率＝完成某工种工程量/某工种平均人数 单位工程量用工＝全部工程量用工＝全部劳动工日数/竣工面积
	劳动力不均衡系数 K	K＝施工期高峰人数/施工期平均人数
	降低成本额和降低成本率	降低成本额＝预算成本－计划成本 降低成本率＝降低成本额/预算成本（%）
	其他指标	机械利用率＝某种机械平均每台班实际产量/某种机械台班定额产量（%） 临时工程投资比＝全部临时工程投资/建安工程总值 机械化施工程度＝机械化施工完成工作量（实物量）/总工作量（实物量）（%）

3. 技术交底

在条件许可的情况下，施工单位最好能在扩大初步设计阶段就参与制订工程的设计方案，实行建设单位、设计单位、施工单位“三结合”。这样，施工单位可以提前了解设计意图，反馈施工信息，使设计能适应施工单位的技术条件、设备和物资供应条件，确保设计质量；避免设计返工。

施工单位应根据设计图纸作施工准备，制订施工方案，进行技术交底。技术交底分工和内容见表1.9。

表1.9　　技术交底分工和内容

交底部门	交底负责人	参加单位和人员	技术交底的主要内容
施工企业	总工程师	有关施工单位的行政、技术负责人、公司职能部门负责人	（1）由公司负责编制的施工组织设计； （2）由公司决定的重点工程、大型工程或技术复杂工程的施工技术关键性问题； （3）设计文件要点及设计变更洽商情况； （4）总分包配合协作的要求、土建和安装交叉作业的要求； （5）国家、建设单位及公司对该工程的工期、质量、成本、安全等要求； （6）公司拟采取的技术组织措施
项目经理部	主任工程师（总工程师）	单位工程负责人、技术员、质量检查员、安全员、职能部门的有关人员、内部协作（或分包）人员	（1）由项目经理部编制的施工组织设计或施工方案； （2）设计文件要点及设计变更、洽商情况； （3）关键性的技术问题、新操作方法和有关技术规定； （4）主要施工方法和施工程序安排； （5）保证进度、质量、安全、节约的技术组织措施； （6）材料结构的试验项目
基层施工单位	项目技术负责人或技术员	参与施工的各班组负责人及有关技术骨干工人	（1）落实有关工程的各项技术要求； （2）提出施工图纸上必须注意的尺寸，如轴线、标高、预留孔洞、预埋件镶入构件的位置、规格、大小、数量等； （3）所用各种材料的品种、规格、等级及质量要求； （4）混凝土、砂浆、防水、保温、耐火、耐酸、防腐蚀材料等的配合比和技术要求； （5）有关工程的详细施工方法、程序、工种之间、土建与各专业单位之间的交叉配合部位、工序搭接及安全操作要求； （6）各项技术指标的要求，具体实施的各项技术措施； （7）设计修改、变更的具体内容或应注意的关键部位； （8）有关规范、规程和工程质量要求； （9）结构吊装机械、设备的性能、构件重量、吊点位置、索具规格尺寸、吊装顺序、节点焊接、支撑系统以及注意事项； （10）在特殊情况下，应知、应会、应注意的问题

4. 材料检验管理与工程档案工作

材料检验管理和工程档案工作见表1.10。

表 1.10　　材料检验管理和工程档案工作

<table>
<tr><th>项　目</th><th colspan="2">说　　明</th></tr>
<tr><td>材料检验管理</td><td colspan="2">（1）用于施工的原材料、成品、半成品、设备等，必须由供应部门提出合格证明文件。对没有证明文件或虽有证明文件但技术领导或质量管理、试验部门认为有必要复验的材料，在使用前必须进行抽查、复验，证明合格后才能使用；
（2）钢材、水泥、砖、焊条等结构用的材料除应有出厂证明或检验单外，还要根据规范和设计要求进行检验；
（3）高低压电缆和高压绝缘材料，要进行耐压试验；
（4）混凝土、砂浆、防水材料的配合比，应先提出试配要求，经试验合格后才能使用。混凝土试块要按现行《混凝土结构工程施工质量验收规范》（GB 50204—2002）的有关要求留置和检验；
（5）钢筋混凝土构件及预应力钢筋混凝土构件也应按上述规范进行抽样试验；
（6）必须对预制厂等工厂生产的成品、半成品进行严格检查，签发出厂合格证，不合格的不能出厂；
（7）新材料、新产品、新构件，要在对其作出技术鉴定、制定出质量标准及操作规程后，才能在工程上使用；
（8）在现场配制的建筑材料，如防水材料、防腐蚀材料、耐火材料、绝缘材料、保温材料、润滑材料等，均应按试验室确定的配合比和操作方法进行施工；
（9）加强对工业设备和施工机械的检查、试验和试运转工作。设备运到现场后，安装前必须按有关技术规范、规程进行检查验收，做好记录</td></tr>
<tr><th>项目</th><th>类别</th><th>资料项目及内容</th></tr>
<tr><td>工程档案</td><td>有关建筑物合理使用，维护、改建扩建的参考文件资料，工程竣工时提交建设单位保存</td><td>1. 施工执照，地质勘探资料。
2. 永久水准点的坐标位置，建筑物、构筑物及其基础深度等的测量记录。
3. 竣工部分一览表（竣工工程名称、位置、结构层次、面积或规格、附有的设备装置和工具等）。
4. 图纸会审记录、设计变更通知单和技术核定单。
5. 隐蔽工程验收记录（包括打桩、试桩、吊装记录）。
6. 材料、构件和设备质量合格证明（包括有关建I出厂证明、质量保证书）。
7. 成品及半成品出厂证明及检验记录。
8. 工程质量事故调查和处理记录。
9. 土建施工必要的试验、检验记录：
（1）结构混凝土及砂浆试块强度记录，按施工顺序排列编号，注明结构部位，将试验室的试验单原件及汇总表装订成册；
（2）混凝土抗渗试验资料；
（3）土质干密度试验资料，在基础施工时应分步取样并绘制部位图存档；
（4）沥青玛碲脂试验记录；
（5）耐酸耐碱试验记录。
10. 设备安装及暖气、卫生、电气、通风工程施工试验记录。
11. 施工记录，一般应包括以下内容：
（1）地基处理记录：主要是指基础验槽时设计单位和勘探单位的处理意见，必要时绘制地基处理图；特殊地层处理如打桩、暗滨处理加固、重锤夯实等，按操作要求记录，有分包配合施工者，由总包和分包单位一起作验收记录；
（2）工程质量事故、安全事故处理记录：事故部位、发生原因、处理办法、处理后的情况应用文字或图表记录，必要时用照片和录像做好记录；
（3）预制构件吊装记录：主要指厂房、大型预制构件的吊装过程记录、焊接记录和测试、验收记录；
（4）新技术、新工艺及特殊施工项目的有关记录：如滑模、升板工程的偏差记录等；
（5）预应力构件现场施工及张拉记录；
（6）构件荷载试验记录。
12. 建筑物、构筑物的沉降和变形观测记录。
13. 未完工程的中间交工验收记录。
14. 由施工单位和设计单位提出的建筑物、构筑物使用注意事项文件。
15. 其他有关该项工程的技术决定。
16. 竣工验收证明。
17. 竣工图</td></tr>
</table>

续表

项目	类别	资料项目及内容
工程档案	为系统积累经验由施工单位保存的技术资料	1. 施工组织设计、施工设计和施工经验总结。 2. 本单位初次采用或施工经验不足的新结构、新技术、新材料的试验研究资料、施工操作专题经验总结。 3. 技术革新建议的试验、采用、改进的记录。 4. 有关的重要技术决定和技术管理的经验总结。 5. 施工日志等
	大型临时设施档案	包括工棚、食堂、仓库、围墙、钢丝网、变压器、水电管线的总平面布置图、施工图、临时设施有关的结构构件计算书、必要的施工记录

1.2.5.3　安全管理

1. 安全技术责任制

(1) 企业单位各级领导人员在管理生产的同时，必须负责管理安全工作，认真贯彻执行国家有关劳动保护的法令和制度，在计划、布置、检查、总结、评比生产的同时要计划、布置、检查、总结、评比安全工作。

(2) 企业单位的生产、技术、设计、供销、运输、财务等有关专职机构，应在各自专业范围内，对实现安全生产的要求负责。

(3) 企业单位各生产小组都应该设有不脱产的安全员。小组安全员在生产小组长的领导和劳动保护干部的指导下，应当在安全生产方面以身作则，起模范带头作用，并协助小组长做好下列工作：经常对本组工人进行安全生产教育；督促他们遵守安全操作规程和各种安全生产制度；正确地使用个人防护用品；检查和维护本组的安全设备；发现生产中有不安全情况的时候，及时报告；参加事故的分析和研究，协助领导实现防止事故的措施。

2. 安全技术措施计划

(1) 企业单位在编制生产、技术、财务计划的同时，必须编制安全技术措施计划。安全技术措施所需的设备、材料应该列入物资、技术供应计划，对于每项措施，应该确定实现的限期和负责人。企业的领导人应该对安全技术措施计划的编制和贯彻执行负责。

(2) 安全技术措施计划的范围，包括以改善劳动条件（主要指影响安全和健康的）、防止伤亡事故、预防职业病和职业中毒为目的的各项措施，不要与生产、基建和福利等措施混淆。

(3) 安全技术措施计划所需的经费，按照现行规定，属于增加固定资产的，由国家拨款；属于其他零星支出的，摊入生产成本。企业主管部门应该根据所属企业安全技术措施的需要，合理地分配国家的拨款。劳动保护费的拨款，企业不得挪作他用。

3. 安全生产教育

(1) 企业单位必须认真地对新工人进行安全生产的入厂教育、车间教育和现场教育，并且经过考试合格后，才能准许其进入操作岗位。

(2) 对于煤气、起重、锅炉、受压容器、焊接、车辆驾驶、爆破、瓦斯检验等特殊工种的工人，必须进行专门的安全操作技术训练，经过考试合格后，才能准许他们操作。

(3) 企业单位都必须建立安全活动日和在班前班后会上检查安全生产情况等制度，对职工进行经常的安全教育，并且注意结合职工文化生活，进行各种安全生产的宣传活动。

(4) 在采用新的生产方法、添设新的技术设备、制造新的产品或调换工人工作的时

候，必须对工人进行新操作法和新工作岗位的安全教育。

4. 安全生产检查

（1）企业单位对生产中的安全工作，除进行经常的检查外，每年还应该定期地进行 2～4 次群众性的检查，这种检查包括普遍检查、专业检查和季节性检查，这几种检查可以结合进行。

（2）开展安全生产检查，必须有明确的目的、要求和具体计划，并且必须建立由企业领导负责，有关人员参加的安全生产检查组织，以加强领导，做好这项工作。

（3）安全生产检查应该始终贯彻领导与群众相结合的原则，依靠群众，边检查，边改进，并且及时地总结和推广先进经验。有些限于物质技术条件当时不能解决的问题，也应该制订出计划，按期解决，必须做到条条有着落、件件有交代。

5. 伤亡事故调查和处理

（1）企业单位应该严肃、认真地贯彻执行国务院发布的“工人职员伤亡事故报告规程”。事故发生以后，企业领导人应该立即负责组织职工进行调查和分析，认真地从生产、技术、设备、管理制度等方面找出事故发生的原因，查明责任，确定改进措施，并且指定专人，限期贯彻执行。

（2）对于违反政策法令和规章制度或工作不负责任而造成事故的，应该根据情节的轻重和损失的大小，给予不同的处分，直至送交司法机关处理。

（3）时刻警惕一切犯罪分子的破坏活动，发现有关破坏活动时，应立即报告公安机关，并积极协助调查处理。对于那些思想麻痹、玩忽职守的有关人员，应该根据具体情况给予应得处分。

（4）企业的领导人对本企业所发生的事故应该定期进行全面分析，找出事故发生的规律，制定防范办法，认真贯彻执行，以减少和防止事故。对于在防范事故中表现好的职工，给以适当的表扬或物质鼓励。

1.2.5.4 施工工长的主要工作

1. 技术准备工作

技术准备工作见表 1.11。

表 1.11　　技术准备工作

项次	项目	说明
1	熟悉图纸	工长要熟悉图样内容、要求和特点，参与图样会审要重点关注以下方面： （1）各部混凝土模板图（包括模板平面布置图、剖面图、组装图、节点大样图、零件加工图等）； （2）模板操作工艺要求及说明； （3）模板材料及选用的支撑系统； （4）施工图与说明在内容上是否一致，与其他组成部分间有无矛盾或错误； （5）总平面图与其他图样在尺寸、标高上是否一致，技术要求是否正确； （6）施工图中，施工难度大和技术要求高的分项工程和采用新结构、新材料、新工艺的分项工程与企业现有施工技术水平、管理水平能否满足要求，不足之处如何采取特殊技术措施加以保证； （7）分项工程施工所需材料、设备的数量、规格、来源和供货时间与设计要求是否一致； （8）分期、分批投产或交付使用的顺序和时间； （9）设计方、承包方、监理方、分包方之间的协作、配合关系，建设单位、承包方向分包提供的施工条件

续表

项次	项 目	说 明
2	熟悉施工组织设计	(1) 生产部署； (2) 施工顺序； (3) 施工方法和技术措施； (4) 施工平面布置
3	准备交底	(1) 一般工程（工人已熟悉的项目）→准备简要的操作交底和施工要求； (2) 特殊工程（如新技术等）→准备图纸和大样，准备细部做法和要求

2. 班组操作前准备工作

班组操作前准备工作见表1.12。

表1.12　班组操作前准备工作

项次	项 目	说 明
1	工作面的准备	清理现场，道路畅通，搭设架木，准备好操作面
2	施工机械准备	组织施工机械进场，接上电源进行试运行，并检查安全装置
3	材料和工具准备	材料进场按施工平面图布置要求等进行堆放，工具按班组人员配备
4	作业条件准备	(1) 图样会审后，根据工程特点、计划合同工期及现场环境等完成各分部、分项混凝土结构模板设计，确定各类模板的几何形状、尺寸要求，龙骨规格、间距以及选用的支撑系统，绘制出模板平面布置图、组装图、节点大样图等，编写操作工艺要求及说明； (2) 根据工程结构形式、特点和现场施工条件，合理确定模板施工的流水段划分，以减少模板投入； (3) 确定模板的配板原则，明确模板流水方向、位置和特殊部位的处理措施，减少模板种类和数量，对大模板，还应注意单块模板配置的对称性，单块大模板的吊装重量应满足现场起重设备的要求； (4) 轴线、模板线放线，引测水平标高到预留插筋或其他过渡引测点，定好水平控制标高； (5) 外墙、外柱的外边根部，根据标高设置模板承垫木方和海绵条，以保证标高准确和不漏浆； (6) 在墙、柱主筋上距地面50～80mm，根据模板线按保护层厚度焊水平支杆； (7) 钢筋绑扎完，预埋水电管线、预埋件等，绑好钢筋保护层垫块，办理好预检手续； (8) 按模板设计图备料，模板涂刷隔离剂，分规格堆放

3. 调查研究班组人员及工序情况

调查研究班组人员及工序情况见表1.13。

表1.13　调查研究班组人员及工序情况

项次	项 目	说 明
1	调查班组情况	1. 人员配备。 2. 技术力量。 3. 生产能力

续表

项次	项 目	说　　明
2	研究工序	1. 确定工种之间的搭接次序、时间和部位。 2. 协助班组长做好人员安排： (1) 根据工作面计划流水和分段； (2) 根据流水分段和技术力量进行人员分档； (3) 根据分档情况配备运输、配料、供档的力量

4. 向工人交底

向工人交底见表 1.14。

表 1.14　　向 工 人 交 底

项次	项目	说　　明
1	计划交底	1. 任务数量。 2. 任务开始、结束时间。 3. 该任务在全部工程中对其他工序的影响和重要程度
2	定额交底	1. 劳动定额。 2. 材料消耗定额。 3. 机械配合台班及每台班产量
3	技术措施和操作方法交底	1. 施工规范、技术规程和工艺标准的有关部分。 2. 有关图纸要求及细部做法。 3. 施工组织设计或施工方案的要求和所采取的提高工程质量、保证安全生产的技术措施。 4. 具体操作部位的施工技术要求及注意事项。 5. 具体操作部位的施工质量要求。 6. 对关键性部位或新结构、新技术、新材料、新工艺推广项目和部位采取的特殊技术措施，必要时，应做文字交底、样板交底以及示范。 7. 消灭质量通病的技术措施。 8. 施工进度要求。 9. 总分包协作施工组（队）的交叉作业、协作配合的注意事项，以及施工进度计划安排。 10. 安全技术交底主要内容有： (1) 施工项目的施工作业特点，作业中的潜在隐含危险因素和存在问题； (2) 针对危险因素、危险点应采取的具体预防措施，以及新的安全技术措施等； (3) 作业中应注意的安全事项； (4) 相应的安全操作规程和标准； (5) 发生事故后应及时采取的避险和急救措施； (6) 定期向由两个以上作业队和多工种进行交叉施工的作业队伍进行书面交底； (7) 保持书面安全技术交底签字记录
4	安全生产交底	1. 施工操作和运输过程中的安全事项。 2. 使用机电设备安全事项。 3. 高空作业和消防安全事项
5	管理制度交底	1. 自检、互检、交接检的具体时间和部位。 2. 分部分项质量验收标准和要求。 3. 现场场容管理制度的要求。 4. 样板的建立和要求

5. 施工任务的下达、检查和验收

施工任务的下达、检查和验收见表1.15。

表1.15　施工任务的下达、检查和验收

项次	项 目	说　　明
1	操作中的具体指导和检查	（1）检查抄平、放线、准备工作是否符合要求； （2）工人能否按交底要求进行施工（必要时进行示范）； （3）一些关键部位是否符合要求，如留槎、留洞、加筋、预埋件等，并及时提醒工人； （4）随时提醒安全、质量和现场场容管理中的倾向性问题； （5）按工程进度及时进行隐、预检和交接检，配合质量检查人员搞好分部分项工程质量验收
2	施工任务的下达与验收	（1）向班组下达施工任务书，任务完成后，按照计划要求、质量标准进行验收； （2）当完成分部分项工程以后，工长一方面需查阅有关资料，如混凝土强度等级、钢筋强度、砖的强度等级是否符合设计要求等；另一方面需通知技术员、质量检查员、施工班组长，对所施工的部位或项目，按照质量标准进行检查验收，合格产品需填写表格，进行签字，不合格产品要立即组织原施工班组进行维修或返工

6. 做好施工日志工作

施工日志记载的主要内容：

（1）当日气候实况。

（2）当日工程进展。

（3）工人调动情况。

（4）资源供应情况。

（5）施工中的质量安全问题。

（6）设计变更和其他重大决定。

（7）经验和教训。

1.2.6　职业活动训练

阅读某工程的施工管理相关文件、技术交底文件、施工日志等。

学习情境 2　柱模板工程施工与组织

学习单元 2.1　柱 55mm 型钢模板的配置

2.1.1　学习目标

（1）熟悉柱的分类及各类柱的特点。

（2）能利用 55mm 型钢模板对柱进行模板配置。

（3）能合理选定模板的支撑体系。

（4）锻炼团队合作、分析问题、解决问题的能力。

2.1.2　学习任务

（1）识读柱模板施工图。

（2）55mm 型钢模板基础知识。

（3）55mm 型钢模板支撑体系基础知识。

（4）55mm 型钢模板连接件基础知识。

（5）柱模板配置的原则、方法、步骤、要点等。

2.1.3　学习内容

（1）55mm 型钢模板。

（2）55mm 型钢模板支撑体系。

（3）钢模板的连接件。

（4）钢模板的模板块。

（5）钢模板的配置。

2.1.4　任务描述

柱子在工程结构中主要承受压力，有时也承受弯矩的竖向杆件，用以支承梁、桁架、楼板等。柱子是结构中极为重要的部分，它的破坏将导致整个结构的损坏与坍塌。柱是建筑结构构件中形体相对比较简单的一种，本单元主要利用钢筋混凝土柱这一载体来介绍 55mm 型钢模板配置的相关知识。

2.1.5　任务实施

2.1.5.1　柱子的分类

按截面形式分为方柱、圆柱、矩形柱、工字形柱、H 形柱、T 形柱、L 形柱、十字形柱、双肢柱、格构柱。

按所用材料分为石柱、砖柱、木柱、钢柱、钢筋混凝土柱、钢管混凝土柱和各种组合柱。

按柱的破坏特征或长细比分为短柱、长柱及中长柱。短柱在轴心荷载作用下的破坏是材料强度破坏，长柱在同样荷载作用下的破坏是屈曲，丧失稳定。

2.1.5.2 柱模板的配置

1. 模板的选择

选择55mm型组合小钢模板。

2. 柱的模板配置

(1) 模板配置原则如下:

1) 采取分层分段流水作业,尽可能采取小流水段施工。

2) 竖向结构与横向结构分开施工。

3) 充分利用有一定强度的混凝土结构,支承上部模板结构。

4) 采取预装配措施,使模板做到整体装拆。

5) 水平结构模板宜采用"先拆模板(面板),后拆支撑"的"早拆体系";充分利用各种钢管脚手架做模板支撑。

(2) 配置前的准备工作。柱模板的施工配置,首先应按单位工程中不同断面尺寸和长度的柱,所需配制模板的数量作出统计,并编号、列表;然后,再进行每一种规格的柱模板的施工设计,其具体步骤如下:

1) 依照断面尺寸选用宽度方向的模板规格组配方案并选用长(高)度方向的模板规格进行组配。

2) 根据施工条件,确定浇筑混凝土的最大压力。

3) 通过计算,选用柱箍、背楞的规格和间距。

4) 按照结构配制柱间水平撑和斜撑。

(3) 模板配置内容如下:

1) 绘制配板设计图、连接件和支承系统布置图,以及细部结构、异形模板和特殊部位详图。

2) 根据结构构造形式和施工条件,对模板和支承系统等进行力学验算。

3) 制定模板及配件的周转使用计划,编制模板和配件的规格、品种与数量明细表。

4) 制定模板安装及拆模工艺以及技术安全措施。

(4) 模板的强度和刚度验算。

1) 模板承受的荷载参见《混凝土结构工程施工质量验收规范》(GB 50204—2002)的有关规定进行计算。

2) 组成模板结构的钢模板、钢楞和支柱应采用组合荷载验算其刚度,其容许挠度应符合表2.1的规定。

表2.1 **钢模板及配件的容许挠度** 单位:mm

部件名称	容许挠度	部件名称	容许挠度
钢模板的面积	1.5	柱箍	$b/500$
单块钢模板	1.5	桁架	$L/1000$
钢楞	$L/500$	支承系统累计	4.0

注 L为计算跨度,b为柱宽。

3) 模板所用材料的强度设计值,应按国家现行规范的有关规定取用。并应根据模板

的新旧程度、荷载性质和结构不同部位，乘以系数 1.0～1.18。

4）采用矩形钢管与内卷边槽钢的钢楞，其强度设计值应按现行《冷弯薄壁型钢结构技术规范》（GBJ 50018—2002）有关规定取用；强度设计值不应提高。

5）当验算模板及支承系统在自重与风荷作用下抗倾覆的稳定性时，抗倾覆系数不应小于 1.15。风荷载应根据现行国家标准《建筑结构荷载规范》（GB 50009—2001）的有关规定取用。

（5）模板配置应遵守以下规定：

1）要保证构件的形状尺寸及相互位置的正确。

2）要使模板具有足够的强度、刚度和稳定性，能够承受新浇混凝土的重量和侧压力，以及各种施工荷载。

3）力求构造简单，装拆方便，不妨碍钢筋绑扎，保证混凝土浇筑时不漏浆。柱、梁、墙、板的各种模板面的交接部分，应采用连接简便、结构牢固的专用模板。

4）配置的模板，应优先选用通用、大块模板，使其种类和块数最小，木模镶拼量最少。设置对拉螺栓的模板，为了减少钢模板的钻孔损耗，可在螺栓部位改用 55mm×100mm 刨光方木代替，或应使钻孔的模板能多次周转使用。

5）相邻钢模板的边肋，都应用 U 形卡插卡牢固，U 形卡的间距不应大于 300mm，端头接缝上的卡孔，也应插上 U 形卡或 L 形插销。

6）模板长向拼接宜采用错开布置，以增加模板的整体刚度。

7）模板的支承系统应根据模板的荷载和部件的刚度进行布置：

a. 内钢楞应与钢模板的长度方向相垂直，直接承受钢模板传递的荷载；外钢楞应与内钢楞互相垂直，承受内钢楞传来的荷载，用以加强钢模板结构的整体刚度，其规格不得小于内钢楞。

b. 内钢楞悬挑部分的端部挠度应与跨中挠度大致相同，悬挑长度不宜大于 400mm，支柱应着力在外钢楞上。

c. 一般柱、梁模板，宜采用柱箍和梁卡具作支承件。断面较大的柱、梁，宜用对拉螺栓和钢楞及拉杆。

d. 模板端缝齐平布置时，一般每块钢模板应有两处钢楞支承。错开布置时，其间距可不受端缝位置的限制。

e. 在同一工程中可多次使用的预组装模板，宜采用模板与支承系统连成整体的模架。

f. 支承系统应经过设计计算，保证具有足够的强度和稳定性。当支柱或其节间的长细比大于 11.0 时，应按临界荷载进行核算，安全系数可取 3～3.5。

g. 对于连续形式或排架形式的支柱，应适当配置水平撑与剪刀撑，以保证其稳定性。

h. 模板的配板设计应绘制配板图，标出钢模板的位置、规格、型号和数量。预组装大模板，应标绘出其分界线。预埋件和预留孔洞的位置，应在配板图上标明，并注明固定方法。

（6）配置步骤如下：

1）根据施工组织设计对施工区段的划分、施工工期和流水段的安排，首先明确需要配制模板的层段数量。

2）根据工程情况和现场施工条件，决定模板的组装方法。

3）根据已确定配模的层段数量，按照施工图纸中梁、柱、墙、板等构件尺寸，进行模板组配设计。

4）明确支撑系统的布置、连接和固定方法。

5）进行夹箍和支撑件等的设计计算和选配工作。

6）确定预埋件的固定方法、管线埋设方法以及特殊部位（如预留孔洞等）的处理方法。

7）根据所需钢模板、连接件、支撑及架设工具等列出统计表，以便备料。

（7）模板规格尺寸组合。55mm 型组合小钢模的平面模板长度有 450mm、600mm、750mm、900mm、1200mm、1500mm、1800mm 等 7 个规格，宽度有 100mm、150mm、200mm、250mm、300mm、350mm、400mm、450mm、500mm、550mm、600mm 等 11 个规格。模板设计采用模数制，使长度和宽度能互相适应。长度模数以 900mm 为界，以下以 150mm 进位，以上以 300mm 进位；宽度模数以 50mm 进位。由于模板的横竖都可以灵活拼装，所以在宽度和长度组合上，都可以拼装成 50mm 进位的各种尺寸，见表 2.2。这样，基本上满足了工业和民用建筑的需要。

表 2.2　钢模板宽度组合表

柱截面尺寸（mm×mm）	模板组合方案				
	一	二	三	四	五
300×300	300	200+100	150+150		
400×400	400	300+100	150+250	200+200	
450×450	450	350+100	300+150	250+200	
500×500	500	400+100	350+150	300+200	250+250

（8）柱箍选择。柱箍的安全距离可参考表 2.3，柱箍适用范围可参考表 2.4 确定。

表 2.3　柱箍的安全距离选用表　　单位：mm

规格			柱宽									
			400	500	600	700	800	900	1000	1100	1200	1300
箍距	扁钢	75×5	900	550	400	300						
	角钢	75×25×3	800	500	350							
		80×25×3	900	600	400	300						
	槽钢	80×40×3			1050	750	600	450	350			
		100×50×3			1150	850	650	550	400	350	300	
	内卷边槽钢	80×40×15×3			1150	850	650	500	350			
		100×50×20×3					1150	900	750	550	400	300

2.1.6　职业活动训练

（1）组织学生到学院附近的在建的建筑工地参观实训，通过实际工程熟悉钢模板的配置情况。

表 2.4　　柱箍适用范围表

序号	类型	代号	规格（mm）	重量（kg/根）	适用柱宽范围（mm）
1	扁钢	7012	70×1200	3.30	300～700
2	角钢	L7512	75×1200	2.74	300～600
3	角钢	L8012	80×1250	3.22	300～700
4	槽钢	[8015	80×40×1550	5.44	600～1000
5	槽钢	[1080	100×50×1800	8.01	600～1200
6	内卷边槽钢	8018	80×40×1800	7.18	600～1000
7	内卷边槽钢	1020	100×50×2000	10.74	800～1300

（2）邀请施工企业模板工工长与学生座谈，交流钢模板配置的经验，提高学生模板配置的基本技能。

学习单元 2.2　柱 55mm 型钢模板的安装、检测、拆除

2.2.1　学习目标

（1）会依据模板配置图进行模板的安装。

（2）能依据模板安装质量标准进行质量检测。

（3）能根据模板拆除方案进行模板的拆除。

（4）能对安装过程进行安全、技术、质量管理和控制。

（5）锻炼组织能力、协调能力、管理能力。

2.2.2　学习任务

（1）熟练使用模板安装的各种工具。

（2）熟悉模板安装的工艺过程及安装工艺要点。

（3）对模板安装质量检测进行控制。

（4）对施工现场进行合理的布置并进行管理。

2.2.3　学习内容

（1）模板安装前的施工准备。

（2）模板安装工具的使用。

（3）模板安装工艺要点。

（4）模板安装质量检测。

（5）模板拆除工艺要点。

（6）安全操作技术要求。

2.2.4　任务描述

对学习单元 2.1 配置的结果，在校内实训基地由学生独立完成模板的安装、检测、拆除等工作，目的是使学生对柱 55mm 型钢模板的施工工艺及工艺要点有一个全面的熟悉，为毕业实现零距离上岗创造条件。

2.2.5　任务实施

组合钢模板的施工，是以模板工程施工设计为依据，根据结构工程流水分段施工的布

置和施工进度计划，将钢模板、配件和支承系统组装成柱、墙、梁、板等模板结构，供混凝土浇筑使用。

柱子模板安装程序：找平→放线→柱模预拼装→涂刷隔离剂→柱筋绑扎→柱筋隐检→预埋线管、线盒→设置定位筋→柱模吊装定位→紧固对拉螺栓→调整模板垂直度→搭设稳定支架或斜撑→校验校正→固定模板。

2.2.5.1　施工前的准备工作

1. 定位基准

组合钢模板在安装前，要做好模板的定位基准工作，其工作步骤是：

(1) 进行中心线和位置线的放线。首先引测建筑物的边柱轴线，并以该轴线为起点，引出每条轴线。模板放线时，应先清理好现场，然后根据施工图用墨线弹出模板的内边线和中心线，墙模板要弹出模板的内边线和外侧控制线，以便于模板安装和校正。

(2) 标高量测。用水准仪把建筑物水平标高根据实际标高的要求，直接引测到模板安装位置。在无法直接引测时，也可以采取间接引测的方法，即用水准仪将水平标高先引测到过渡引测点，作为上层结构构件模板的基准点，用来测量和复核其标高位置。

(3) 进行找平。模板承垫底部应预先找平，以保证模板位置正确，防止模板底部漏浆。常用的找平方法是沿模板内边线用 1∶3 水泥砂浆抹找平层［图 2.1 (a)］。另外，在外墙、外柱部位，继续安装模板前，要设置模板承垫条带［图 2.1 (b)］，并校正其平直。

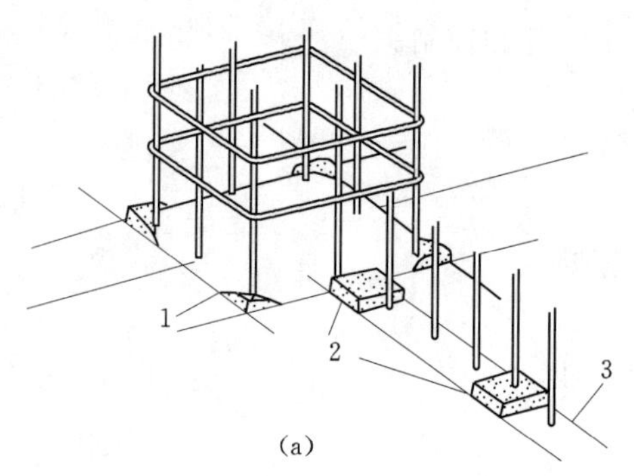

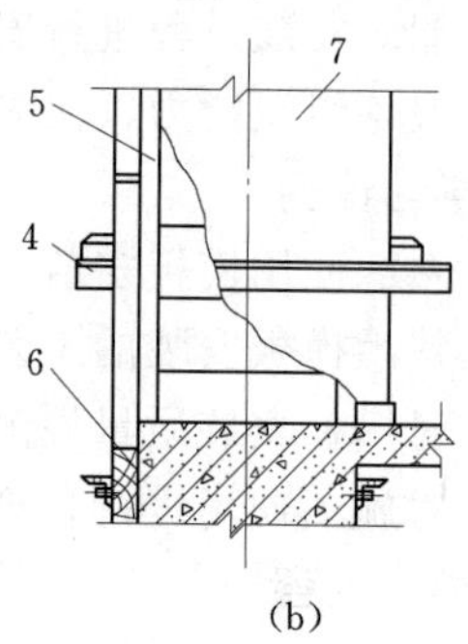

图 2.1　墙、柱模板找平

(a) 砂浆找平层；(b) 外柱外模板设承垫条带

1—柱模线；2—砂浆定位找平层；3—堵模线；4—柱箍；5—钢筋；6—承垫条带；7—钢模板

(4) 设置模板定位基准。一种是按照构件的断面尺寸，先用同强度等级的细石混凝土浇筑 50～100mm 的短柱或导墙，作为模板定位基准；另一种做法是采用钢筋定位：柱模板，可在基础和柱模上口用钢筋焊成井字形套箍撑位模板并固定竖向钢筋，也可在竖向钢筋靠模板一侧焊一短截钢筋，以保持钢筋与模板的位置［图 2.2 (a)］；墙体模板可根据构件断面尺寸切割一定长度的钢筋焊成定位梯子支撑筋（钢筋端头刷防锈漆），绑（焊）在墙体两根竖筋上［图 2.2 (b)］，起到支撑作用，间距 1200mm 左右。

2. 模板及配件的检查

按施工需用的模板及配件对其规格、数量逐项清点检查，未经修复的部件不得使用。

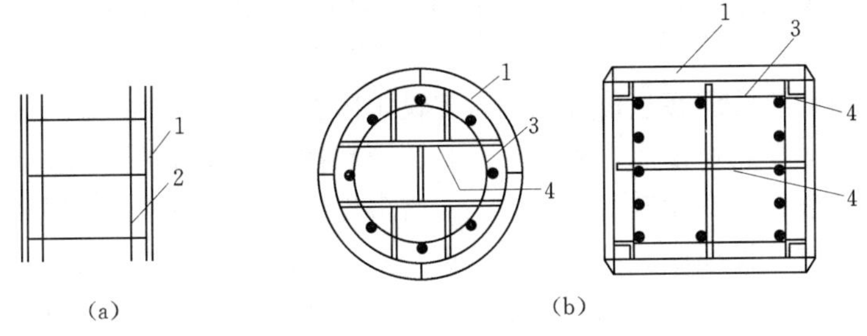

图 2.2　钢筋定位示意图

(a) 墙体梯子支撑筋；(b) 柱井字套箍支撑筋

1—模板；2—梯形筋；3—箍筋；4—井字支撑

3. 预拼装

采取预拼装模板施工时，预拼装工作应在组装平台或经平整处理的地面上进行，并按表 2.5 要求逐块检验后进行试吊，试吊后再进行复查，并检查配件数量、位置和紧固情况。

表 2.5　　预拼装模板允许偏差

项　目	允许偏差（mm）
两块模板之间拼接缝隙	≤2.0
相邻模板面的高低差	≤2.0
组装模板板面平整度	≤2.0（用 2m 平尺检查）
组装模板板面的长宽尺寸	≤长度和宽度的 1/1000，最大取 4.0
组装模板对角线长度差值	≤7.0（≤对角线长度的 1/1000）

4. 模板堆放与运输

经检查合格的模板，应按照安装程序进行堆放或装车运输。重叠平放时，每层之间应加垫木，模板与垫木均应上下对齐，底层模板应垫离地面不小于 20cm。

运输时，应避免碰撞，防止倾倒，采取措施，保证稳固。

5. 安装前的准备工作

(1) 向施工班组进行技术交底，并且做样板，经监理、有关人员认可后，再大面积展开。

(2) 支承支柱的土层地面，应事先夯实整平，并做好防水、排水设置，准备支柱底垫木。

(3) 竖向模板安装的底面应平整坚实，并采取可靠的定位措施，按施工设计要求预埋支承锚固件。

(4) 模板应涂刷脱模剂。结构表面需作处理的工程，严禁在模板上涂刷废机油或其他油类。

2.2.5.2　模板的安装

1. 模板的支设安装应遵守的规定

(1) 按配板设计循序拼装，以保证模板系统的整体稳定。

(2) 配件必须装插牢固。支柱和斜撑下的支承面应平整垫实，要有足够的受压面积。支承件应着力于外钢楞。

(3) 预埋件与预留孔洞必须位置准确，安设牢固。

(4) 基础模板必须支撑牢固，防止变形，侧模斜撑的底部应加设垫木。

(5) 墙和柱子模板的底面应找平，下端应与事先做好的定位基准靠紧垫平，在墙、柱子上继续安装模板时，模板应有可靠的支承点，其平直度应进行校正。

(6) 楼板模板支模时，应先完成一个格构的水平支撑及斜撑安装，再逐渐向外扩展，以保持支撑系统的稳定性。

(7) 预组装墙模板吊装就位后，下端应垫平，紧靠定位基准；两侧模板均应利用斜撑调整和固定其垂直度。

(8) 支柱所设的水平撑与剪刀撑，应按构造与整体稳定性布置。

(9) 多层支设的支柱，上下应设置在同一竖向中心线上，下层楼板应具有承受上层荷载的承载能力或加设支架支撑。下层支架的立柱应铺设垫板。

2. 模板安装应符合的要求

(1) 同一条拼缝上的U形卡，不宜向同一方向卡紧。

(2) 墙模板的对拉螺栓孔应平直相对，穿插螺栓不得斜拉硬顶。钻孔应采用机具，严禁采用电、气焊灼孔。

(3) 钢楞宜采用整根杆件，接头应错开设置，搭接长度不应少于200mm。

对现浇混凝土梁、板，当跨度不小于4m时，模板应按设计要求起拱；当设计无具体要求时，起拱高度宜为跨度的1/1000～3/1000。

曲面结构可用双曲可调模板，采用平面模板组装时，应使模板面与设计曲面的最大差值不得超过设计的允许值。

3. 模板支设方法

模板的支设方法有两种，即单块就位组拼（散装）和预组拼，其中预组拼又可分为分片组拼和整体组拼两种。采用预组拼方法，可以加快施工速度，提高工效和模板的安装质量，但必须具备相适应的吊装设备和有较大的拼装场地。

2.2.5.3 工艺要点

(1) 保证柱模的长度符合模数，不符合部分放到节点部位处理；或以梁底标高为准，由上往下配模，不符合模数部分放到柱根部位处理；高度在不小于4m时，一般应四面支撑。当柱高超过6m时，不宜单根柱支撑，宜几根柱同时支撑连成构架。

(2) 柱模根部要用水泥砂浆堵严，防止跑浆；柱模的浇筑口和清扫口，在配模时应一并考虑留出。

(3) 梁、柱模板分两次支设时，在柱子混凝土达到拆模强度时，最上一段柱模先保留不拆，以便于与梁模板连接。

(4) 柱模的清扫口应留置在柱脚一侧，如果柱子断面较大，为了便于清理，亦可两面留设。清理完毕，立即封闭。

(5) 柱模安装就位后，立即用四根支撑或有张紧器花篮螺栓的缆风绳与柱顶四角拉结，并校正其中心线和偏斜（图2.3），全面检查合格后，再群体固定。

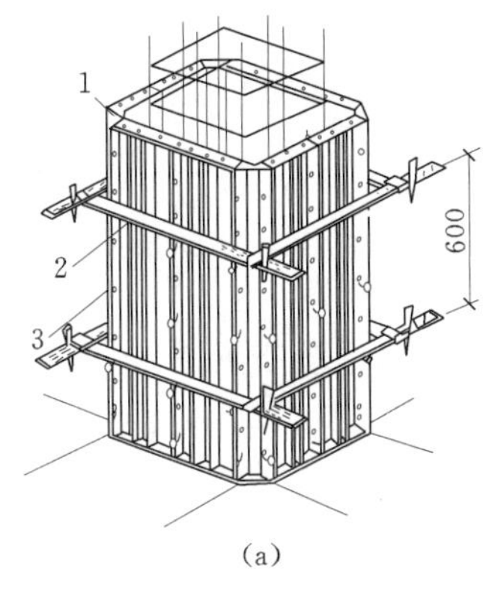

(a)

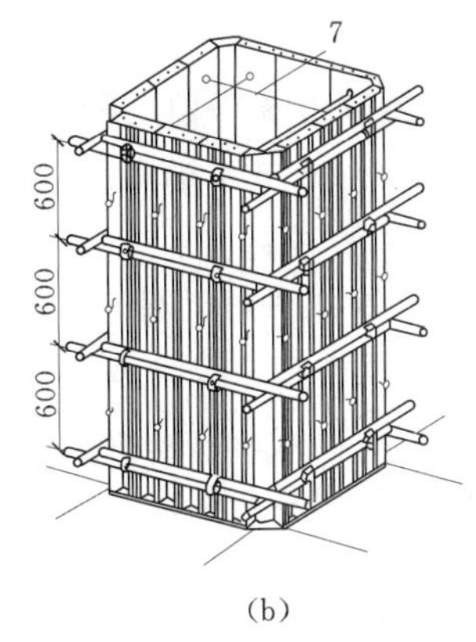

(b)

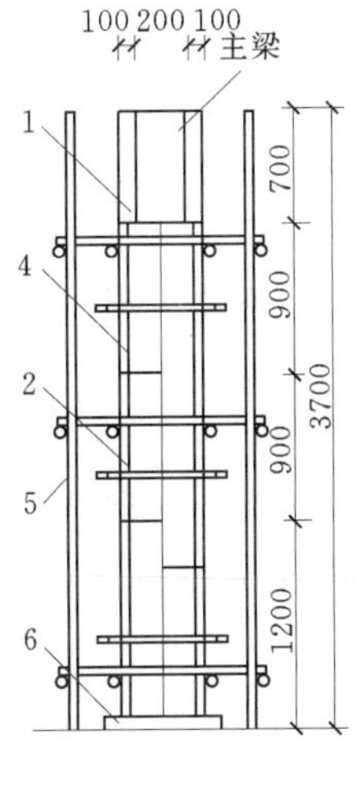

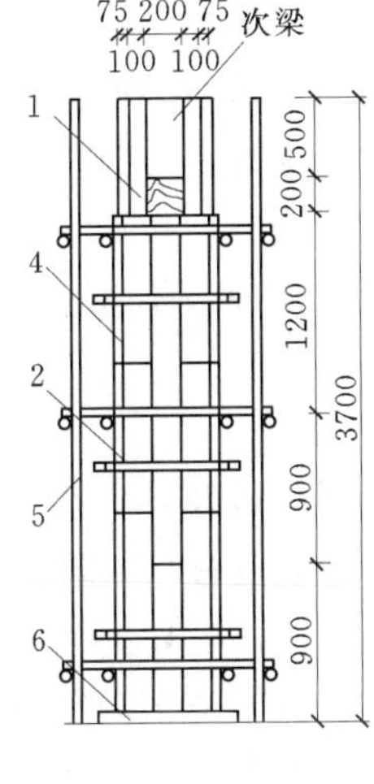

(c)

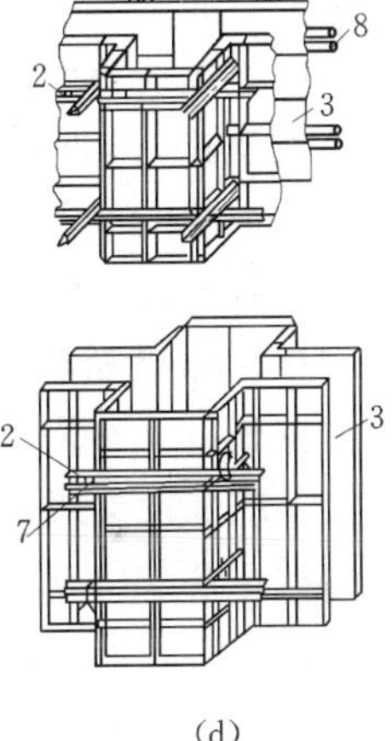

(d)

图2.3　几种柱模支设方法

(a) 型钢柱箍；(b) 钢管柱箍；(c) 钢管脚手支柱模；(d) 附壁柱模

1—阳角模；2—柱箍；3—钢模板；4—角模；5—排架；6—找平层；7—模板拉杆；8—钢楞

2.2.5.4　柱模板安装质量检验

1. 质量检查和验收内容

(1) 钢模板的布局和施工顺序。

(2) 连接件、支承件的规格、质量和紧固情况。

(3) 支承着力点和模板结构整体稳定性。

(4) 模板轴线位置和标高。

(5) 竖向模板的垂直度和横向模板的侧向弯曲度。

(6) 模板的拼缝度和高低差。

(7) 预埋件和预留孔洞的规格数量及固定情况。

(8) 扣件规格与对拉螺栓、钢楞的配套和紧固情况。

(9) 支柱、斜撑的数量和着力点。

(10) 对拉螺栓、钢楞与支柱的间距。

(11) 各种预埋件和预留孔洞的固定情况。

(12) 模板结构的整体稳定。

(13) 有关安全措施。

2. 模板验收应提供的资料

(1) 模板工程的施工设计或有关模板排列图和支承系统布置图。

(2) 模板工程质量检查记录及验收记录。

(3) 模板工程支模的重大问题及处理记录。

3. 验收的一般规定

(1) 模板及其支架应根据工程结构形式、荷载大小、地基土类别、施工设备和材料供应等条件进行设计。模板及其支架应具有足够的承载能力、刚度和稳定性，能可靠地承受浇筑混凝土的重量、侧压力以及施工荷载。

(2) 在浇筑混凝土之前，应对模板工程进行验收。模板安装和浇筑混凝土时，应对模板及其支架进行观察和维护。发生异常情况时，应按施工技术方案及时进行处理。

(3) 模板及其支架拆除的顺序及安全措施应按施工技术方案执行。

(4) 组合钢模板不宜用作清水混凝土模板，钢大模板宜选用油质隔离剂，竹、木面模板及雨期施工时不宜选用水质隔离剂。

4. 模板安装质量验收要点

(1) 主控项目。安装现浇结构的上层模板及其支架时，下层楼板应具有承受上层荷载的承载能力，或加设支架；上、下层支架的立柱应对准，并铺设垫板。

检查数量：全数检查。

检验方法：对照模板设计文件和施工技术方案观察。

在涂刷模板隔离剂时，不得玷污钢筋和混凝土接槎处。

检查数量：全数检查。

检验方法：观察。

(2) 一般项目。

1) 模板安装应满足下列要求：模板的接缝不应漏浆；在浇筑混凝土前，模板内不应有积水；模板与混凝土的接触面应清理干净并涂刷隔离剂，但不得采用影响结构性能或妨碍装饰工程施工的隔离剂；浇筑混凝土前，模板内的杂物应清理干净；对清水混凝土工程及装饰混凝土工程，应使用能达到设计效果的模板。

检查数量：全数检查。

检验方法：观察。

2) 用作模板的地坪、胎模等应平整光洁，不得产生影响构件质量的下沉、裂缝、起砂或起鼓。

检查数量：全数检查。

检验方法：观察。

3) 对跨度不小于4m的现浇钢筋混凝土梁、板，其模板应按设计要求起拱；当设计

无具体要求时，起拱高度宜为跨度的 1/1000～3/1000。

检查数量：在同一检验批内，对梁，应抽查构件数量的 10%，且不少于 3 件；对板，应按有代表性的自然间抽查 10%，且不少于 3 间；对大空间结构，板可按纵、横轴线划分检查面，抽查 10%，且不少于 3 面。

检验方法：水准仪或拉线、钢尺检查。

4）固定在模板上的预埋件、预留孔和预留洞均不得遗漏，且应安装牢固，其偏差应符合表 2.6 的规定。

检查数量：在同一检验批内，对梁、柱和独立基础，应抽查构件数量的 10%，且不少于 3 件；对墙和板，应按有代表性的自然间抽查 10%，且不少于 3 间；对大空间结构，墙可按相邻轴线间高度 5m 左右划分检查面，板可按纵横轴线划分检查面，抽查 10%，且均不少于 3 面。

检验方法：钢尺检查。

表 2.6　预埋件和预留孔洞的允许偏差

项目		允许偏差（mm）
预埋钢板中心线位置		3
预埋管、预留孔中心线位置		3
插筋	中心线位置	5
	外露长度	10
预埋螺栓	中心线位置	2
	外露长度	10
预留洞	中心线位置	10
	尺寸	10

注　检查中心线位置时，应沿纵、横两个方向量测，并取其中的较大值。

表 2.7　现浇结构模板安装的允许偏差及检验方法

项目		允许偏差（mm）	检验方法
轴线位置		5	钢尺检查
底模上表面标高		±5	水准仪或拉线、钢尺检查
截面内部尺寸	基础	±10	钢尺检查
	柱、墙、梁	4，−5	钢尺检查
层高垂直度	≤5m	6	经纬仪或吊线、钢尺检查
	>5m	8	经纬仪或吊线、钢尺检查
相邻两板表面高低差		2	钢尺检查
表面平整度		5	2m 靠尺和塞尺检查

注　检查轴线位置时，应沿纵、横两个方向量测，并取其中的较大值。

5）现浇结构模板安装的偏差应符合表 2.7 的规定。

检查数量：在同一检验批内，对梁、柱和独立基础，应抽查构件数量的 10%，且不少于 3 件；对墙和板，应按有代表性的自然间抽查 10%，且不少于 3 间；对大空间结构，墙可按相邻轴线间高度 5m 左右划分检查面，板可按纵、横轴线划分检查面，抽查 10%，且均不少于 3 面。

2.2.5.5　模板拆除

柱模板拆除程序：拆除对拉螺栓→拆除支撑钢→脱模吊运→模板清理→涂刷隔离剂→堆放备用。

（1）底模及其支架拆除时的混凝土强度应符合设计要求；当设计无具体要求时，混凝土强度应符合表 2.8 的规定。

检查数量：全数检查。

表 2.8　　底模拆除时的混凝土强度要求

构件类型	构件跨度（m）	达到设计的混凝土立方体抗压强度标准值的百分数（%）	构件类型	构件跨度（m）	达到设计的混凝土立方体抗压强度标准值的百分数（%）
板	≤2	≥50	梁、拱、壳	≤8	≥75
	>2，≤8	≥75		>8	≥100
	>8	≥100	悬臂构件		≥100

检验方法：检查同条件养护试件强度试验报告。

（2）侧模拆除时的混凝土强度应能保证其表面及棱角不受损伤。

检查数量：全数检查。

检验方法：观察。

模板拆除时，不应对楼层形成冲击荷载。拆除的模板和支架宜分散堆放并及时清运。

检查数量：全数检查。

检验方法：观察。

（3）模板的运输、维修和保管。

1）运输。不同规格的钢模板不得混装混运。运输时，必须采取有效措施，防止模板滑动、倾倒。长途运输时，应采用简易集装箱，支承件应捆扎牢固，连接件应分类装箱；预组装模板运输时，应分隔垫实，支捆牢固，防止松动变形；装卸模板和配件应轻装轻卸，严禁抛掷，并应防止碰撞损坏。严禁用钢模板作其他非模板用途。

2）维修和保管。钢模板和配件拆除后，应及时清除黏结的灰浆，对变形和损坏的模板和配件，宜采用机械整形和清理。钢模板及配件修复后的质量标准，见表 2.9。

表 2.9　钢模板及配件修复后的质量标准

	项　目	允许偏差（mm）
钢模板	板面平整度	≤2.0
	凸棱直线度	≤1.0
	边肋不直度	不得超过凸棱高度
配件	U 形卡卡口残余变形	≤1.2
	钢楞和支柱不直度	≤L/1000

注　L 为钢楞和支柱的长度。

3）维修质量不合格的模板及配件，不得使用。对暂不使用的钢模板，板面应涂刷脱模剂或防锈油。背面油漆脱落处，应补刷防锈漆，焊缝开裂时应补焊，并按规格分类堆放。

4）钢模板宜存放在室内或棚内，板底支垫离地面 100mm 以上。露天堆放，地面应平整坚实，有排水措施，模板底支垫离地面 200mm 以上，两点距模板两端长度不大于模板长度的 1/6。

5）入库的配件，小件要装箱入袋，大件要按规格分类整数成垛堆放。

2.2.5.6　模板施工的安全要求

（1）模板安装时，应切实做好安全工作，应符合以下安全要求：

1）模板上架设的电线和使用的电动工具，应采用 36V 的低压电源或采取其他有效的安全措施。

2）登高作业时，各种配件应放在工具箱或工具袋中，严禁放在模板或脚手架上；各种工具应系挂在操作人员身上或放在工具袋内，不得掉落。

3）高耸建筑施工时，应有防雷击措施。

4）高空作业人员严禁攀登组合钢模板或脚手架等，也不得在高空的墙顶、独立梁及其模板等上面行走。

5）模板的预留孔洞、电梯井口等处，应加盖或设置防护栏，必要时应在洞口处设置安全网。

6）装拆模板时，上下应有人接应，随拆随运转，并应把活动部件固定牢靠，严禁堆放在脚手板上和抛掷。

7）装拆模板时，必须采用稳固的登高工具，高度超过 3.5m 时，必须搭设脚手架。装拆施工时，除操作人员外，下面不得站人。高处作业时，操作人员应挂上安全带。

8）安装墙、柱模板时，应随时支撑固定，防止倾覆。

9）预拼装模板的安装，应边就位、边校正、边安设连接件，并加设临时支撑稳固。

10）预拼装模板垂直吊运时，应采取两个以上的吊点；水平吊运应采取四个吊点。吊点应作受力计算，合理布置。

11）预拼装模板应整体拆除。拆除时，先挂好吊索，然后拆除支撑及拼接两片模板的配件，待模板离开结构表面后再起吊。

12）拆除承重模板时，必要时应先设立临时支撑，防止突然整块坍落。

（2）模板的拆除时，应符合以下安全要求：

1）模板拆除的顺序和方法，应按照配板设计的规定进行，遵循先支后拆，先非承重部位，后承重部位以及自上而下的原则。拆模时，严禁用大锤和撬棍硬砸硬撬。

2）先拆除侧面模板（混凝土强度大于 $1N/mm^2$），再拆除承重模板。

3）组合大模板宜大块整体拆除。

4）支承件和连接件应逐件拆卸，模板应逐块拆卸传递，拆除时不得损伤模板和混凝土。

5）拆下的模板和配件均应分类堆放整齐，附件应放在工具箱内。

2.2.5.7　模板投入量估算

现浇钢筋混凝土结构施工中的模板施工方案，是编制施工组织设计的重要组成部分之一。必须根据拟建工程的工程量、结构形式、工期要求和施工方法，择优选用模板施工方案，并按照分层分段流水施工的原则，确定模板的周转顺序和模板的配置（投入）量。

模板工程量，通常是指模板与混凝土相接触的面积，因此，应该按照工程施工图的构件尺寸，详细进行计算，但一般在编制施工组织设计时，往往只能按照扩大初步设计或技术设计的内容估算模板工程量。

模板投入量，是指施工单位应配置的模板实际工程量，它与模板工程量的关系可用下式表示：

模板投入量＝模板工程量/周转次数

所以，在保证工程质量和工期要求的前提下，应尽量加大模板的周转次数，以减少模板投入量，这对降低工程成本是非常重要的。

1. 模板面积计算参考表

柱模板工程量按不同模板材料、支撑材料，以柱的侧面面积之和计算，其中，构造柱按外露面积计算。

(1) 正方形或圆形柱每立方米混凝土模板面积(m^2)见表2.10。

表2.10 正方形或圆形柱每立方米混凝土模板面积

柱横截面尺寸 $a\times a$(m×m)	模板面积 $U=4/a$(m^2)	柱横截面尺寸 $a\times a$(m×m)	模板面积 $U=4/a$(m^2)
0.3×0.3	13.33	0.5×0.5	8.00
0.4×0.4	10.00	0.6×0.6	6.67
0.7×0.7	5.71	1.1×1.1	3.64
0.8×0.8	5.00	1.3×1.3	3.08
0.9×0.9	4.44	1.5×1.5	2.67
1.0×1.0	4. 00	2.0×2.0	2.00

注 a为正方形柱的边长或圆形柱的直径。

(2) 矩形柱每立方米混凝土模板面积(m^2)见表2.11。

表2.11 矩形柱每立方米混凝土模板面积

柱横截面尺寸 $a\times b$(m×m)	模板面积 $U=2(a+b)/ab$(m^2)	柱横截面尺寸 $a\times b$(m×m)	模板面积 $U=2(a+b)/ab$(m^2)
0.4 ×0.3	11.67	0.8×0.6	5.83
0.5 ×0.3	10.67	0.9×0.45	6.67
0.6×0.3	10.00	0.9 ×0.60	6.56
0.7×0.35	8.57	1.0×0.50	6.00
0.8×0.40	7.50	1.0×0.70	4.86

2. 模板材料耗用量参考定额

(1) 矩形柱模板材料耗用量定额见表2.12。

表2.12 矩形柱模板材料耗用量定额

定额编号		2-58	2-59	2-60	2-61
项目		矩形柱			
		组合钢模板		复合木模板	
		钢支撑	木支撑	钢支撑	木支撑
材料	组合钢模板(kg)	78.09	78.09	10.34	10.34
	复合木模板(m^2)	—	—	1.84	1.84
	模板板方材(m^2)	0.064	0.064	0.064	0.064
	支撑钢管及扣件(kg)	45.94	—	45.94	—
	支撑方木(m^2)	0.182	0.519	0.182	0.519
	零星卡具(kg)	66.74	60.50	66.74	60.50
	铁钉(kg)	1.80	4.02	1.80	4.02
	铁件(kg)	—	11.42	—	11.42
	草板纸80号(张)	30.00	30.00	30.00	30.00
	隔离剂(kg)	10.00	10.00	10.00	10.00

注 计量单位为$100m^2$。

（2）异形柱模板材料耗用量定额见表 2.13。

表 2.13　　异形柱模板材料耗用量定额

定额编号		2—62	2—63	2—64	2—65
项　目		异　形　柱			
		组合钢模板		复合木模板	
		钢支撑	木支撑	钢支撑	木支撑
材料	组合钢模板（kg）	77.14	77.14	3.04	3.04
	复合木模板（m^2）	—	—	2.09	2.09
	模板板方材（m^2）	0.083	0.083	0.083	0.083
	支撑钢管及扣件（kg）	59.53	—	59.53	—
	支撑方木（m^2）	—	0.580	—	0.580
	零星卡具（kg）	27.94	27.94	27.94	27.94
	铁钉（kg）	13.86	18.72	13.86	18.72
	镀锌铁丝 8 号（kg）	—	46.74	—	46.74
	草板纸 80 号（张）	30.00	30.00	30.00	30.00
	隔离剂（kg）	10.00	10.00	10.00	10.00

注　计量单位为 $100m^2$。

（3）圆形柱模板材料耗用量定额见表 2.14。

表 2.14　　圆形柱模板材料耗用量定额

定额编号		2—66	2—67	2—68
项　目		圆形柱	柱支撑高度超过 3.6m 每增加 1m	
		木模板		
		木支撑	钢支撑	木支撑
材料	模板板方材（m^2）	1.618	—	—
	支撑方木（m^2）	0.700	0.021	0.109
	支撑钢管及扣件（kg）	—	3.37	—
	铁钉（kg）	48.49	—	3.35
	镀锌铁丝 8 号（kg）	9.49	—	—
	嵌缝料（kg）	10.00	—	—
	隔离剂（kg）	10.00	—	—

注　1. 计量单位为 $100m^2$。

2. 定额引自《全国统一建筑工程基础定额》（GJD 101—1995），为现浇混凝土结构。

2.2.6　职业活动训练

（1）根据杨凌职业技术学院单位工程实训场柱模板施工图，在实训场分小组进行钢模板的安装、检测、拆除等实训。

（2）阅读某一已完工程的模板施工方案。

2.2.7　学习与提高

本学习单元以柱 55mm 型组合钢模板为例进行介绍。

55mm 型组合钢模板又称小钢模，是目前使用较广泛的一种通用性组合模板。主要由钢模板、连接件和支承件三部分组成。

2.2.7.1　模板块的编码与规格

模板块主要包括平面模板、阴角模板、阳角模板、连接角模等。

1. 平面模板

由面板和肋条组成，采用 Q235 钢板制成，面板厚 2.5mm，对于不小于 400mm 宽的钢板厚度采用 2.75mm 或 3.0mm 钢板。肋条上设有 U 形卡孔（图 2.4）。平面模板利用 U 形卡和 L 形插销等可拼装成大块模板。U 形卡孔两边设凸鼓，以增加 U 形卡的夹紧力，边肋倾角处 0.3mm 的凸棱，可增强模板的刚度，并使拼缝严密。主要用于基础、墙体、梁、柱和板等多种结构的平面部位。

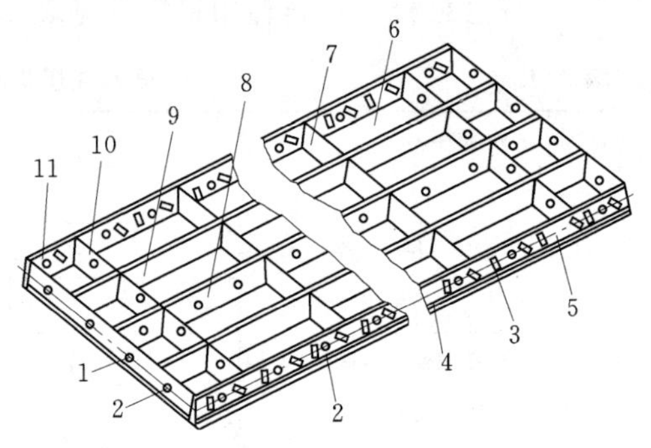

图 2.4　平面模板

1—插销孔；2—U 形卡孔；3—凸鼓；4—凸棱；5—边肋；6—主板；7—无孔横肋；8—有孔纵肋；9—无孔纵肋；10—有孔横肋；11—端肋

平面模板的规格详见表 2.15。

2. 转角模板

转角模板有阴角、阳角和连接角模三种，如图 2.5 所示。

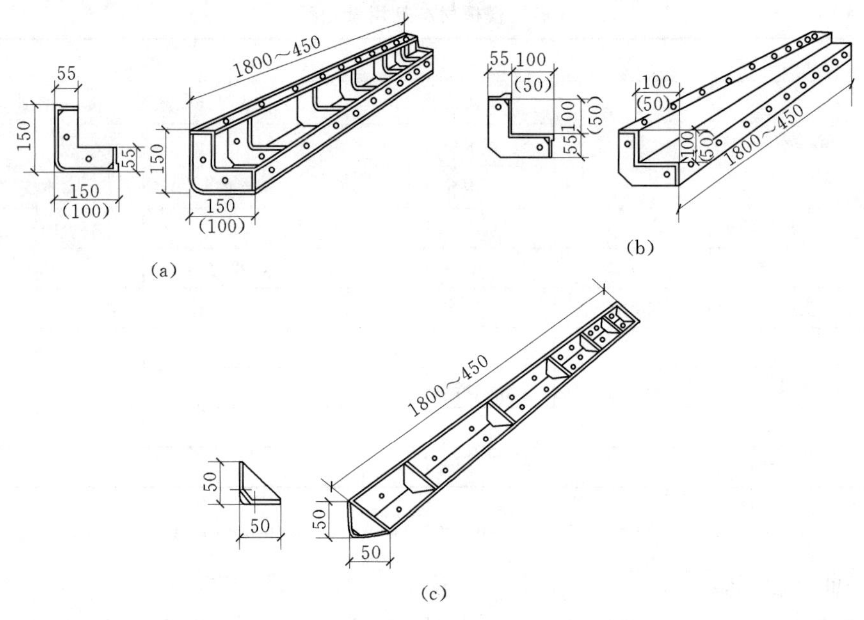

图 2.5　转角模板

(a) 阴角模板；(b) 阳角模板；(c) 连接角模

转角模板的长度与平面模板相同，其中阴角模板的宽度有 150mm×150mm、100mm×150mm 两种；阳角模板的宽度有 100mm×100mm、50mm×50mm 两种；连接角模的宽

表 2.15　　　　平面模板规格编码表　　　　单位：mm

模板名称		模板长度													
		450		600		750		900		1200		1500		1800	
		代号	尺寸	代号	尺寸	代号	尺寸	代号	尺寸	代号	尺寸	代号	尺寸	代号	尺寸
宽度	600	P6004	600×450	P6006	600×600	P6007	600×750	P6009	600×900	P6012	600×1200	P6015	500×1500	P6018	600×1800
	550	P5504	550×450	P5506	550×600	P5507	550×750	P5509	550×900	P5512	550×1200	P5515	550×1500	P5518	550×1800
	500	P5004	500×450	P5006	500×600	P5007	500×750	P5009	500×900	P5012	500×1200	P5015	500×1500	P5018	500×1800
	450	P4504	450×450	P4506	50×600	P4507	450×750	P4509	450×900	P4512	150×1200	P4515	450×1500	P4518	450×1800
	400	P4004	400×450	P4006	400×600	P4007	400×750	P4009	400×900	P4012	400×1200	P4015	400×1500	P4018	400×1800
	350	P3504	350×450	P3506	350×600	P3507	350×750	P3509	350×900	P3512	350×1200	P3515	350×1500	P3518	300×1800
	300	P3004	300×450	P3006	300×600	P3007	300×750	P3009	300×900	P3012	300×1200	P3015	300×1500	P3018	300×1800
	250	P2504	250×450	P2506	250×600	P2507	250×750	P2509	250×900	P2512	250×1200	P2515	250×1500	P2518	250×1800
	200	P2004	200×450	P2006	200×600	P2007	200×750	P2009	200×900	P2012	200×1200	P2015	200×1500	P2018	200×1800
	150	P1504	150×450	P1506	150×600	P1507	150×750	P1509	150×900	P1512	150×1200	P1515	150×1500	P1518	150×1800
	100	P1004	100×450	P1006	100×600	P1007	100×750	P1009	100×900	P1012	100×1200	P1015	100×1500	P1018	100×1800
阴角模板（代号 E）		E1504	150×150×450	E1506	150×600×600	E1507	150×150×750	E1509	150×150×900	E1512	150×150×1200	E1515	150×150×1500	E1518	150×150×1800
		E1004	100×150×450	E1006	100×150×600	E1007	100×150×750	E1009	100×150×900	E1012	100×150×1200	E1015	100×150×1500	E1018	100×150×1800
阳角模板（代号 Y）		Y1004	100×100×450	Y1006	100×100×600	Y1007	100×100×750	Y1009	100×100×900	Y1012	100×100×1200	Y1015	100×100×1500	Y1018	100×100×1800
		Y0504	50×50×450	Y0506	50×50×600	Y0507	50×50×750	Y0509	50×50×900	Y0512	50×50×1200	Y0515	50×50×1500	Y0518	50×50×1800
连接角模（代号 J）		J0004	50×50×450	J0006	50×50×600	J0007	50×50×750	J0009	50×50×900	J0012	50×50×1200	J0015	50×50×1500	J0018	50×50×1800

续表

模板名称	模板长度													
	450		600		750		900		1200		1500		1800	
	代号	尺寸	代号	尺寸	代号	尺寸	代号	尺寸	代号	尺寸	代号	尺寸	代号	尺寸
角棱模板（代号JL）	JL1704	17×450	JL1706	17×600	JL1707	17×750	JL1709	17×900	JL1712	17×1200	JL1715	17×1500	JL1718	17×1800
	JL4504	45×450	JL4506	45×600	JL4507	45×750	JL4509	45×900	JL4512	45×1200	JL4515	45×1500	JL4518	45×1800
圆棱模板（代号YL）	YL2004	20×450	YL2006	20×600	YL2007	20×750	YL2009	20×900	YL2012	20×1200	YL2015	20×1500	YL2019	20×1800
	YL3504	35×450	YL3506	35×600	YL3507	35×750	YL3509	35×900	YL3512	35×1200	YL3515	35×1500	YL3519	35×1800
梁腋模板（代号IY）	IY1004	100×50×450	IY1006	100×50×600	IY1007	100×50×750	IY1009	100×50×900	IY1012	100×50×1200	IY1015	100×50×1500	IY1018	100×50×1800
	IY1504	150×50×450	IY1506	150×50×600	IY1507	150×50×750	IY1509	150×50×900	IY1512	150×50×1200	IY1515	150×50×1500	IY1518	150×50×1800
柔性模板（代号Z）	Z1004	100×450	Z1006	100×600	Z1007	100×750	Z1009	100×900	Z1012	100×1200	Z1015	100×1500	Z1018	100×1800
搭接模板（代号D）	D7504	75×450	D7506	75×600	D7507	75×750	D7509	75×900	D7512	75×1200	D7515	75×1500	D7518	75×1800
双曲可调模板（代号T）	—	—	T3006	300×600	—	—	T3009	300×900	—	—	T3015	300×1500	T3018	300×1800
	—	—	T2006	200×600	—	—	T2009	200×900	—	—	T2015	200×1500	T2018	200×1800
变角可调模板（代号B）	—	—	B2006	200×600	—	—	B2009	200×90C	—	—	B2015	200×1500	B2018	200×1800
	—	—	B1606	160×600	—	—	B1609	160×900	—	—	B1615	160×1500	B1618	160×1800

度为 50mm×50mm。阴角模板主要用于墙体和各种构件的内角及凹角的转角部位，阳角模板及连接角模板主要用于柱、梁及墙体等外角及凸角的转角部位。

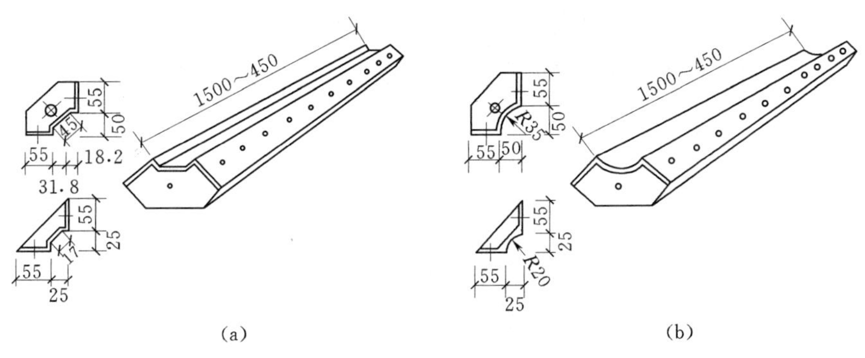

图 2-6　倒棱模板

(a) 角棱模板；(b) 圆棱模板

3. 倒棱模板

倒棱模板分角棱和圆棱模板两种（图 2.6）。倒棱模板的长度与平面模板相同，其中角棱模板的板的宽度有 17mm、45mm 两种，圆棱模板的半径有 $R20$、$R35$ 两种。主要用于柱、梁及墙体等阳角的倒棱部位。

4. 梁腋模板

主要用于渠道、沉箱和各种结构的梁腋部位，如图 2.7 所示。宽度有 50mm×150mm 和 50mm×100mm 两种。

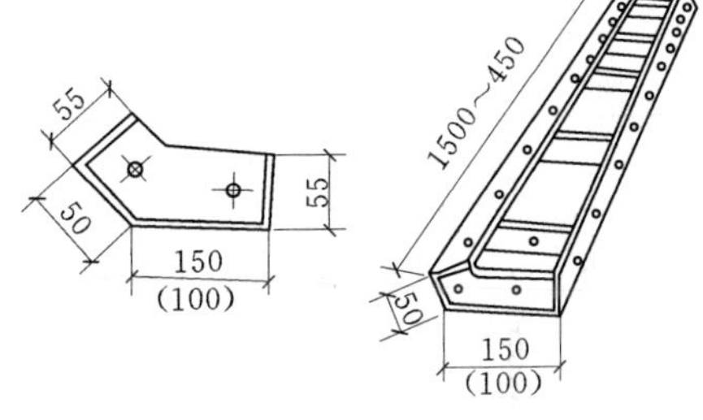

图 2.7　梁腋模板

5. 其他模板

包括柔性模板、搭接模板、可调模板和嵌补模板等，其用途和规格见表 2.16。

表 2.16　**其他模板的用途和规格**

名称	图　示	用　途	宽度（mm）	长度（mm）
柔性模板	1500～450 100	用于圆形筒壁、曲面墙体等部位	100	1500，1200，900，750，600，450
搭接模板		用于调节 50mm 以内的拼装模板尺寸	75	

续表

名称		图 示	用 途	宽度（mm）	长度（mm）
可调模板	双曲		用于构筑物曲面部位	300，200	1500，900，600
	变角		用于展开面为扇形或梯形的构筑物结构	200，160	
嵌补模板	平面嵌板		用于梁柱、板、墙等结构接头部位	200，150，100	300，200，150
	阴角嵌板			150×150，100×150	
	阳角嵌板			100×100，50×50	

2.2.7.2 连接件

2.2.7.2.1 U形卡

宜用30号钢或Q235钢制作，直径为12mm（图2.8），主要用于钢模板纵横向的自由拼接，将相邻钢模板夹紧固定。

2.2.7.2.2 L形插销

L形插销是用来增强钢模的纵向拼接刚度，确保接头处板面平整的连接件。它用Q235圆钢制成，直径为12mm（图2.9）。

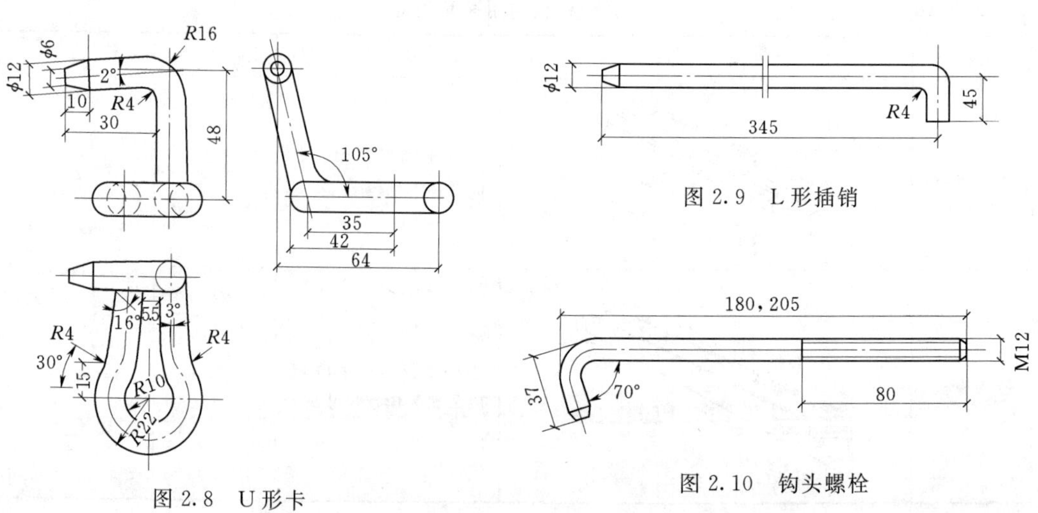

图2.8 U形卡

图2.9 L形插销

图2.10 钩头螺栓

2.2.7.2.3　钩头螺栓

用于钢模板与内、外钢楞之间的连接固定，用 Q235 圆钢制成，直径为 12mm（图 2.10）。

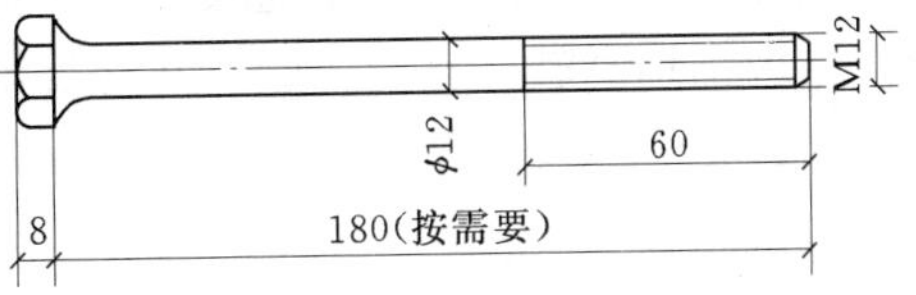

2.2.7.2.4　紧固螺栓

用于紧固内、外钢楞，增强模板拼装后的整体刚度，用 Q235 圆钢制成，直径为 12mm（图 2.11）。

图 2.11　紧固螺栓

2.2.7.2.5　扣件

扣件见表 2.17。扣件容许荷载见表 2.18。

表 2.17　扣件用途及规格

名称		图示	用途	规格	备注
扣件	3 形扣件	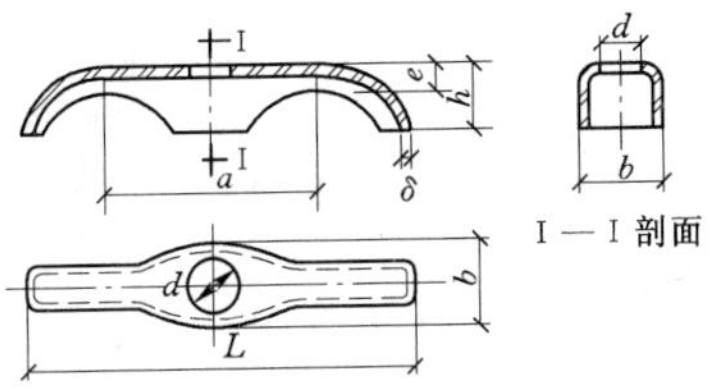	用于钢楞与钢模板或钢楞之间的紧固连接，与其他配件一起将钢模板拼装连接成整体，扣件应与相应的钢楞配套使用。按钢楞的不同形状，分别采用蝶形和 3 形扣件，扣件的刚度与配套螺栓的强度相适应	26 型、12 型	Q235 钢板
	蝶形扣件	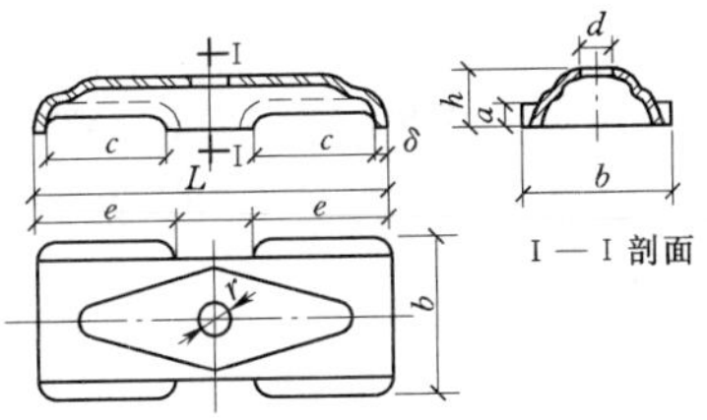		26 型、18 型	

表 2.18　扣件容许荷载

单位：kN

项　目	型　号	容许荷载
蝶形扣件	26 型	26
	18 型	18
3 形扣件	26 型	26
	12 型	12

2.2.7.2.6　拉杆

用于连接内、外模板，保持内、外模板的间距，承受新浇筑混凝土的侧压力和其他荷载，使模板具有足够的刚度和强度。常用的为圆杆式拉杆，又称穿墙螺栓、对拉螺栓，分组合式（图 2.12）和整体式（图 2.13）两种，由 Q235 圆钢制成，规格有 M12、M14、M16、T12、T14、T16、T18、T20 等。

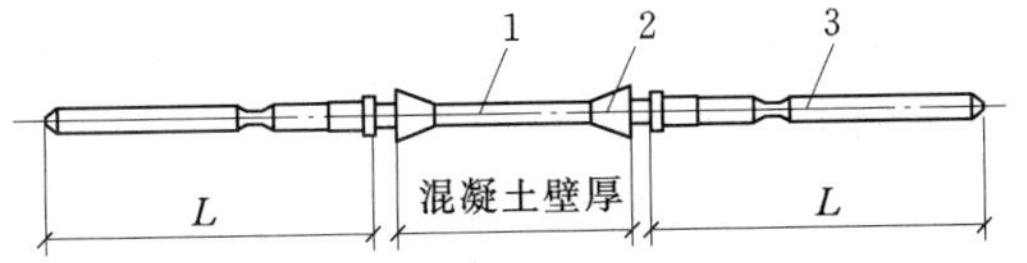

图 2.12　对拉螺栓

1—内拉杆；2—顶帽；3—外拉杆

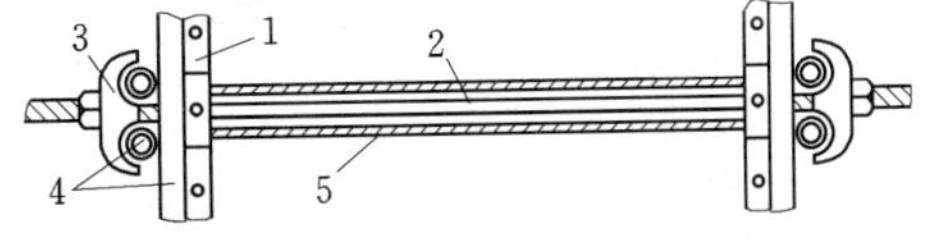

图 2.13　整体式拉杆

1—钢模板；2—对拉螺栓；3—扣件；4—钢楞；5—套管

整体式拉杆一般为自制通长螺栓。拆除时，可将对拉螺栓齐混凝土表面切断，亦可在混凝土内加埋套管，将对拉螺栓从套管中抽出重复使用。

2.2.7.2.7　支承件

1. 钢楞

又称龙骨，主要用于支承钢模板并加强其整体刚度。钢楞的材料，有Q235圆钢管、矩形钢管、内卷边槽钢、轻型槽钢、轧制槽钢等，可根据设计要求和供应条件选用。

内钢楞直接支承模板，承受模板传递的多点集中荷载。

2. 柱箍

又称柱卡箍、定位夹箍，用于直接支承和夹紧各类柱模的支承件，可根据柱模的外形尺寸和侧压力的大小来选用（图2.14）。

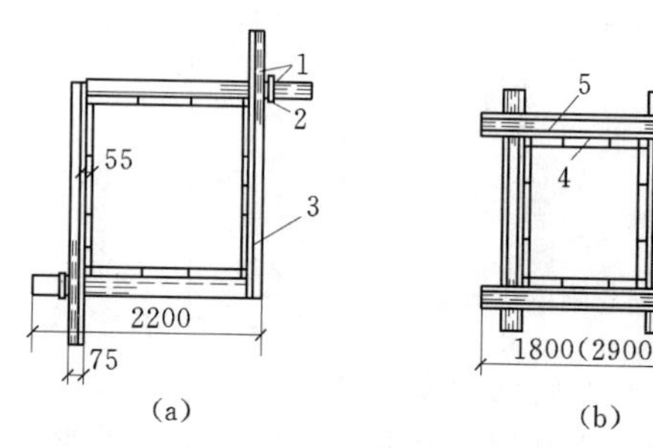

图2.14　柱箍
(a) 角钢型；(b) 型钢型
1—插销；2—限位器；3—夹板；
4—模板；5—型钢；6—钢型B

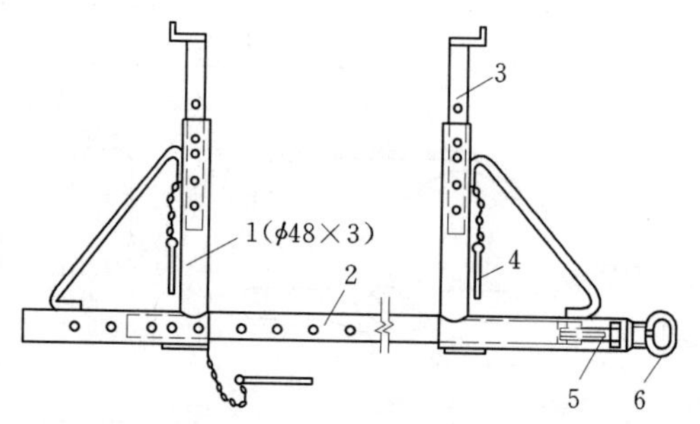

图2.15　钢管型梁卡具
1—三角架；2—底座；3—调节杆；
4—插销；5—调节螺栓；6—钢筋环

3. 梁卡具

又称梁托架。是一种将大梁、过梁等钢模板夹紧固定的装置，并承受混凝土侧压力，其种类较多，其中钢管型梁卡具（图2.15）适用于断面为700mm×500mm以内的梁；扁钢和圆钢管组合梁卡具（图2.16）适用于断面为600mm×500mm以内的梁，上述两种梁卡具的高度和宽度都能调节。

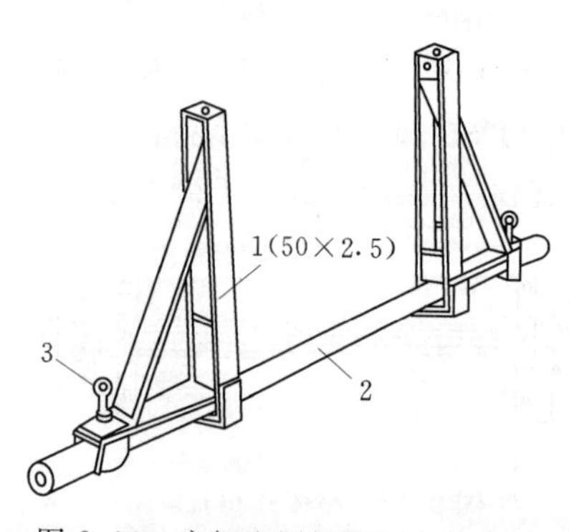

图2.16　扁钢和圆钢管组合梁卡具
1—三角架；2—底座；3—固定螺栓

4. 圈梁卡

用于圈梁、过梁、地圈梁等方（矩）形梁侧模的夹紧固定。形式多样，下图是几种常见的圈梁卡。

图2.17为用连接角模和拉结螺栓做梁侧模底座，梁侧模上部用拉铁固定。图2.18为用角钢和钢板加工成的工具式圈梁卡。图2.19为用梁卡具做梁侧模的底座，上部用弯钩固定钢模板的位置。

5. 钢支柱

用于大梁、楼板等水平模板的垂直支撑，采用Q235钢管制作，有单管支柱和四管支柱多种形式（图2.20）。单管支柱分C—18型、C—22型和C—27型三种，其长度分别为 1812～3112mm、2212～3512mm 和 2712～4012mm。单管钢支柱的截面特征见表 2.19，四管支柱截面特征见表 2.20。

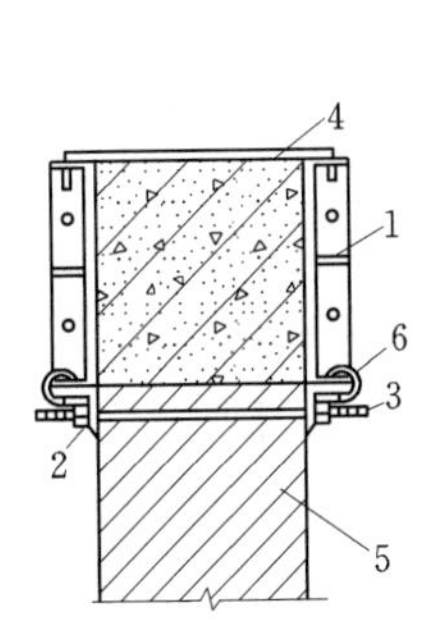

图 2.17　圈梁卡之一

1—钢模板；2—连接角模；3—拉结螺栓；4—拉铁；5—砖墙；6—U 形卡

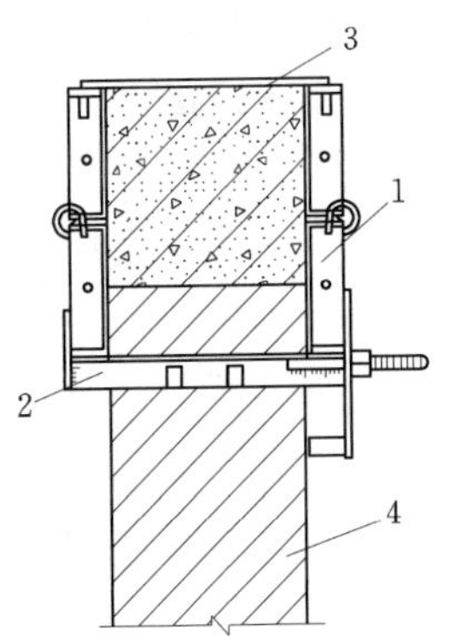

图 2.18　圈梁卡之二

1—钢模板；2—卡具；3—拉铁；4—砖墙

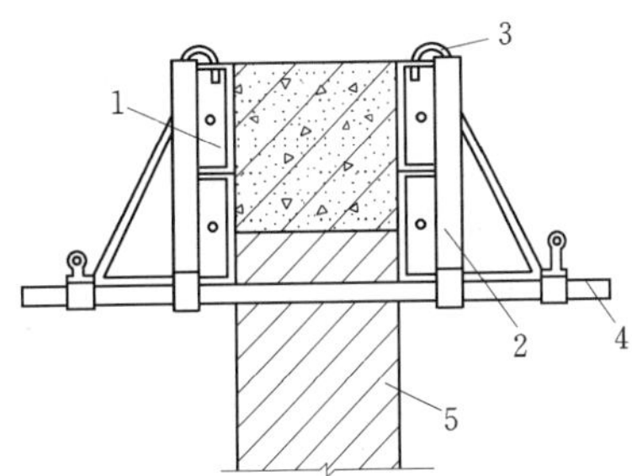

图 2.19　圈梁卡之三

1—钢模板；2—梁卡具；3—弯钩；4—圈钢管；5—砖墙

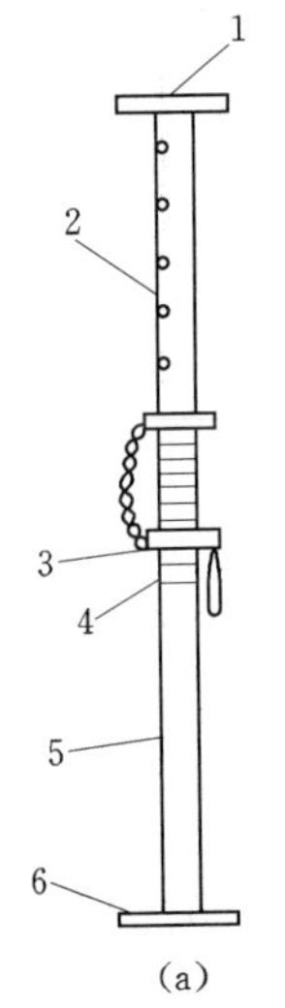

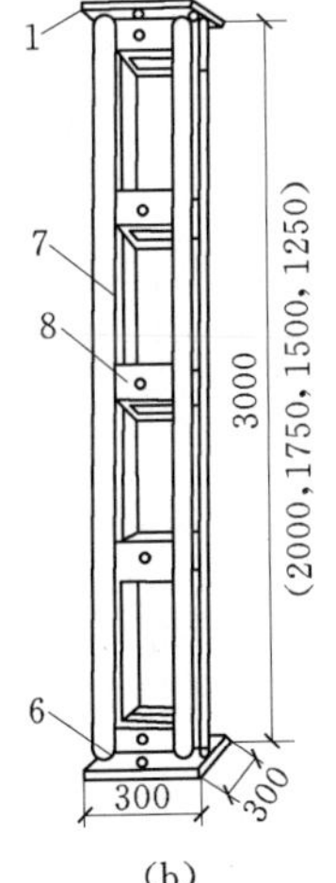

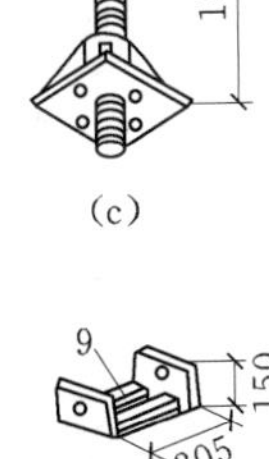

图 2.20　钢支柱

(a) 单管支柱；(b) 四管支柱；(c) 螺栓千斤顶

1—顶板；2—插管；3—插销；4—转盘；5—套管；6—底板；7—钢管；8—连接板；9—托盘

6. 早拆柱头

用于梁和楼板模板的支撑的早拆柱头，如图 2.21 所示。

7. 斜撑

用于承受墙、柱等侧模板的侧向荷载和调整竖向支模的垂直度，如图 2.22 所示。

8. 桁架

(1) 平面可调桁架。用于楼板、梁等水平模板的支架。用它支设模板，可以节省模板和扩大楼层的施工空间，有利于加快施工速度。平面可调桁架采用的类型较多，其中轻型桁架（图 2.23）采用角钢、扁钢和圆钢筋制成，由两榀桁架组合后，其跨度可调整到 2100～3500mm，一个桁架的承载力为 20kN（均匀放置）。

表 2.19　单管钢支柱截面特征

类型	项目	直径（mm）		壁厚（mm）	截面积 A（cm^2）	惯性矩 J（cm^4）	回转半径 r（cm）
		外径	内径				
CH	插管套管	48	43	2.5	3.57	9.28	1.61
		60	55	2.5	4.52	18.7	2.03
YJ	插管套管	48	41	3.5	4.89	12.19	1.58
		60	53	3.5	6.21	24.88	2.00

表 2.20　四管支柱截面特性

管柱规格（mm×mm）	四管中心距（mm）	截面积（cm^2）	惯性矩（cm^4）	截面模量（cm^3）	回转半径（cm）
ϕ48×3.5	200	19.57	2005.35	121.24	10.12
ϕ48×3.0	200	16.96	1739.06	105.34	10.13

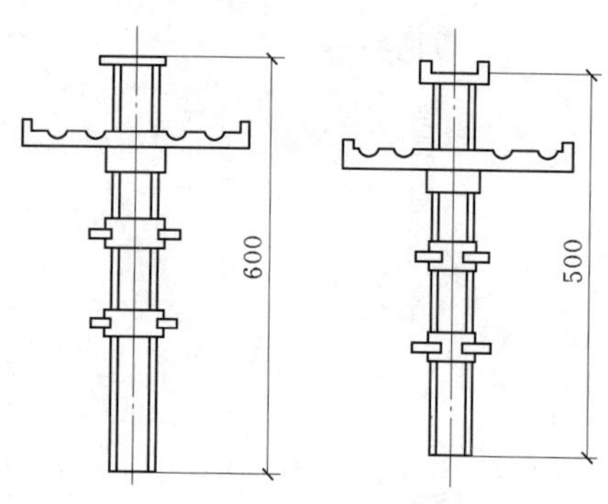

图 2.21　螺旋式早拆柱头

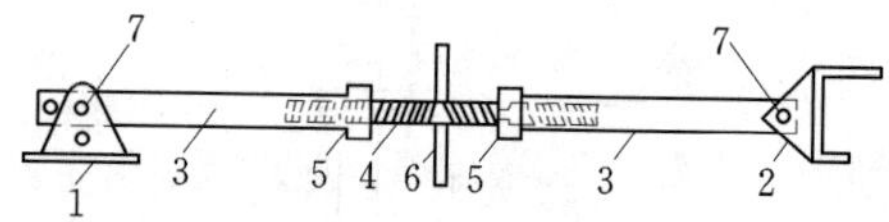

图 2.22　斜撑

1—底座；2—顶撑；3—钢管斜撑；4—花篮螺栓；5—螺帽；6—旋杆；7—销钉

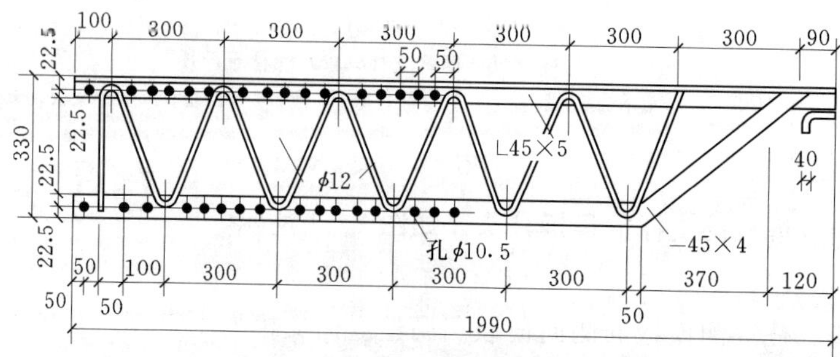

图 2.23　轻型桁架

(2) 曲面可变桁架。曲面可变桁架由桁架、连接件、垫板、连接板、方垫块等组成。适用于筒仓、沉井、圆形基础，明渠、暗渠、水坝、桥墩、挡土墙等曲面构筑物模板的支撑（图 2.24）。桁架用扁钢和圆钢筋焊接制成，内弦与腹筋焊接固定，外弦可以伸缩，曲面弧度可以自由调节，最小曲率半径为 3m。

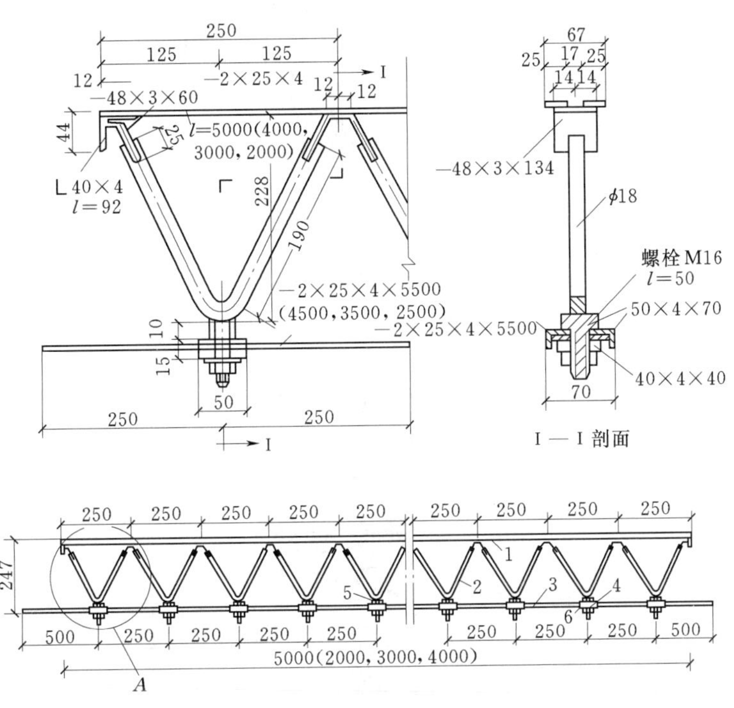

图 2.24　可变桁架示意图

1—内弦；2—腹筋；3—外弦；4—连接件；5—螺栓；6—方垫块

9. 钢管脚手支架

主要用于层高较大的梁、板等水平构件模板的支撑。目前常用的有扣件式钢管脚手架和碗扣式钢管脚手架，也有采用门式支架。

(1) 扣件式钢管脚手支架。

1）钢管：一般采用外径 48、壁厚 3.5mm 的焊接钢管，长有 2000mm、3000mm、4000mm、5000mm、6000mm 几种，另配有 200mm、400mm、600mm、800mm 长的短钢管，供接长调距使用。

2）扣件：是钢管脚手架连接固定的重要部件。按材质分为玛钢扣件和钢板扣件；按用途分为直角扣件、回转扣件和对接扣件，见表 2.21。

3）底座：安装在立杆下部，分可调式和固定式两种（图 2.25）。

4）调节杆：用于调节支架的高度。可调高度为 150～350mm，容许荷载为 20kN。分螺栓调节和螺管调节两种（图 2.26）。

(2) 碗扣式钢管脚手架。又称多功能碗扣型钢脚手架。它由上、下碗扣、横杆接头和上碗扣的限位销等组成（图 2.27）。碗扣接头是该脚手架系统的核心部件。碗扣接头可以

表 2.21　　钢管脚手架用扣件

扣件品种	用途分类	简　图	重量（kg）
玛钢扣件	直接扣件		1.25
	回转扣件		1.50
	对接扣件		1.60
钢板扣件	直角扣件		0.69
	回转扣件		0.70
	对接扣件		1.00

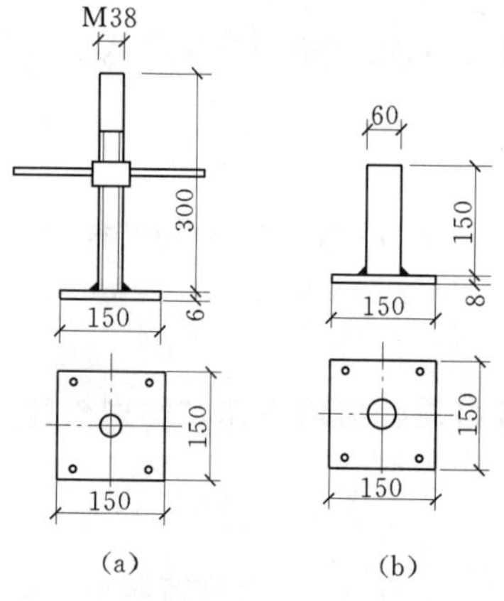

图 2.25　底座

(a) 可调式底座；(b) 固定式底座

(外径 60mm，壁厚 3mm)

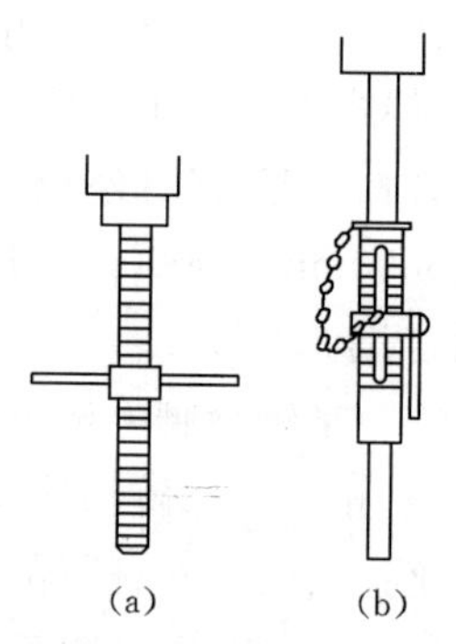

图 2.26　调节杆

(a) 螺栓调节杆；(b) 螺管调节杆

同时连接 4 根横杆，完全避免了螺栓作业。上、下碗扣和限位销按 600mm 间距设置在钢管立杆上。碗扣式钢管脚手架的构配件，主要有以下几种：

1）立杆：长度分 1800mm 和 3000mm 两种。

2）顶杆：支撑架顶部立杆，其上可装设承座或托座，长度有 900mm 和 1500mm 两种。

立杆与顶杆配合可以构成任意高度的支撑架。

3）横杆：支承架的水平承力杆，长度分 300mm、900mm、1200mm、1800 和 2400mm 五种。

4）斜杆：支承架的斜向拉压杆，长度有 1690mm、2160mm、2550mm 和 3000mm 四种，分别用于 1.2m×1.2m、1.2m×1.8m、1.8m×1.8m 和 1.8m×2.4m 网格。

5）支座：用于支垫立杆底座或做支撑架顶撑支垫，分有垫座和可调座两种形式。

（3）门式支架。又称框组式脚手架，其主要部件有门形框架、剪刀撑、水平梁架和可调底座等（图 2.28）。门式支架有多种形式，标准型的宽度为 1219mm，高度为 1700mm。剪刀撑和水平梁架亦有多种规格，可以根据门架间距来选择，一般多采用 1.8m。可调底座的可调高度为 200～550mm。

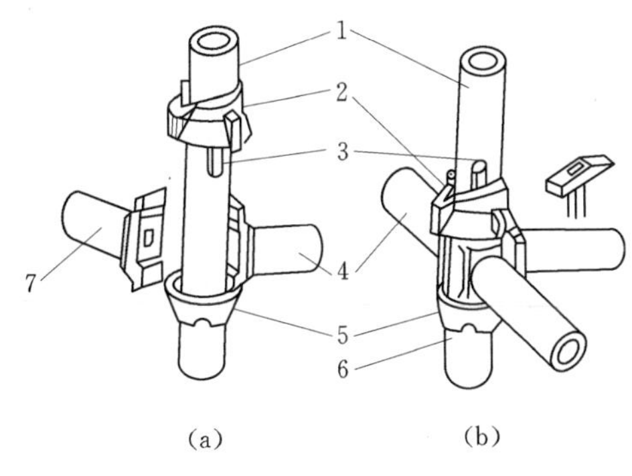

图 2.27　碗扣接头

（a）连接前；（b）连接后

1—立杆；2—上碗扣；3—限位销；4—横杆；5—下碗扣；6—流水槽；7—横杆接头

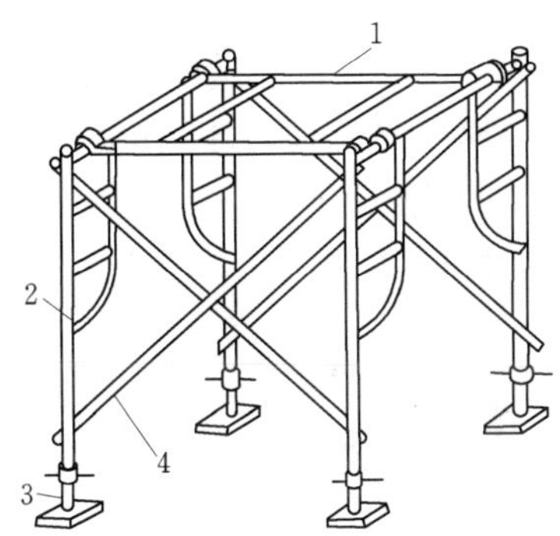

图 2.28　门式支架

1—水平梁架；2—门架；3—可调底座；4—剪刀撑

学习情境3　墙模板工程施工与组织

学习单元3.1　墙大模板的配置

3.1.1　学习目标

（1）熟悉墙的分类及各类墙的特点。

（2）能利用大模板对墙进行模板配置。

（3）能合理选定模板的支撑体系。

（4）锻炼团队合作、分析问题、解决问题的能力。

3.1.2　学习任务

（1）识读墙模板施工图。

（2）大钢模板基础知识。

（3）大钢模板支撑体系基础知识。

（4）大钢模板连接件基础知识。

（5）墙模板配置的原则、方法、步骤、要点等。

3.1.3　学习内容

（1）大模板块。

（2）大钢模板支撑体系。

（3）大模板的连接件。

（4）电梯井筒模。

（5）门窗洞口模板。

（6）特殊部位的处理。

（7）大模板的配置。

3.1.4　任务描述

完成给定施工图墙体模板的施工。

3.1.5　任务实施

3.1.5.1　墙的分类

墙体按位置可分为外墙和内墙。外墙要经受大气侵蚀、温度变化、雨雪冰冻等不利因素的作用。内墙除分隔室内空间外，在承重及保证建筑空间刚度方面也起着重要的作用。

按承重方式，墙体可分为承重墙与非承重墙。承重墙除承受自重外，还要承受经楼板、屋顶传下的荷载，所用材料和墙的厚度主要由结构设计确定。非承重墙除承受自重外，并不承受上部的垂直荷载。它包括隔墙、自重墙、框架填充墙、幕墙等。隔墙系分隔室内空间用，其重量由楼板或梁来支撑。自重墙只承受本身重量，它可支承在基础或基础梁上。在框架结构中，支承在框架梁上的非承重墙，称为框架填充墙；其中，非承重的外墙又称为幕墙。

墙体按材料及构造，主要有砖墙、砌块墙、混凝土板材墙等。而混凝土板材墙中按其几何形状与构造不同又可分为直行墙、圆弧形墙、带洞口墙、带壁柱墙、大钢模板墙等。

3.1.5.2 墙模板的设计

模板宜选择大模板。

3.1.5.2.1 模板的设计原则

（1）大模板的设计应根据工程类型和施工设备情况进行。做到通用性强，规格类型少，能满足不同平面组合的要求并兼顾后续工程的需要。

（2）力求结构构造简单，制作、装拆灵活方便。模板的结构在满足施工要求的前提下，应力求结构简单，便于加工制作，便于安装、拆除，以利于提高施工效率。其平块大模板重量应满足现场起重能力的要求。

（3）组合方便。模板的组合，便于划分施工流水段，尽量做到纵横墙同时浇筑混凝土，以利于加强结构的整体性。做到接缝严密，不漏浆，阴阳角方正，棱角整齐。

（4）坚固耐用，经济合理。大模板的设计首先要满足刚度要求，确保大模板在堆放、组装、拆除时的自身稳定，以增加其周转使用次数。同时应采用合理的结构构造，恰当地选材，尽量取消减少一次投资量。

3.1.5.2.2 模板设计程序

（1）确定施工流水段的划分、墙体竖向施工缝的留设位置及大模板的配设范围。

（2）绘制结构平面图，标注轴线号、轴线尺寸、内外墙体厚度（轴线偏中的，应标注轴线距两边墙面的尺寸）。

（3）确定模板类型，根据墙体厚度、轴线尺寸确定阴阳角模板规格尺寸。

（4）绘制配模平面图。先画出模板厚度边线，计算每道墙面净长。墙面净长－2个阴角模边长＝大模板宽度。

在设计图上标注大模板宽度尺寸，如图3.1所示。

（5）绘制模板调配图，即在配模图的基础上，标注本流水段模板编号及调配到下一流水段的模板编号，模板调配到下一流水段后不能满足的部分，需延续编号。

（6）编制模板及配件规格、数量、面积重量统计表（初稿）。

（7）编制模板施工方案，连同配模图、模板配件统计表、主要附图及报价单等，作为模板投标文件，送交施工单位（用户）评审。

（8）进行模板正式设计。

1）根据用户对配模范围、数量、模板的调配使用、模板规格、模板节点处理等所提的意见或要求进行配模平面图、模板调配图及相关图纸的调整、修改。

2）设计模板及配件加工图，模板主要节点图（图3.2），大模板阴阳角节点平面图、剖面图，外挂架及下包模平面图，上接模板平面图，变截面各层模板平面图，特殊楼层平面图等。

（9）编制模板、配件加工清单或模板统计表。

（10）编制模板施工交底书或模板施工方案。

（11）编制模板力学计算书。对不能满足计算要求的个别配件进行修改设计，直至全部符合计算要求。

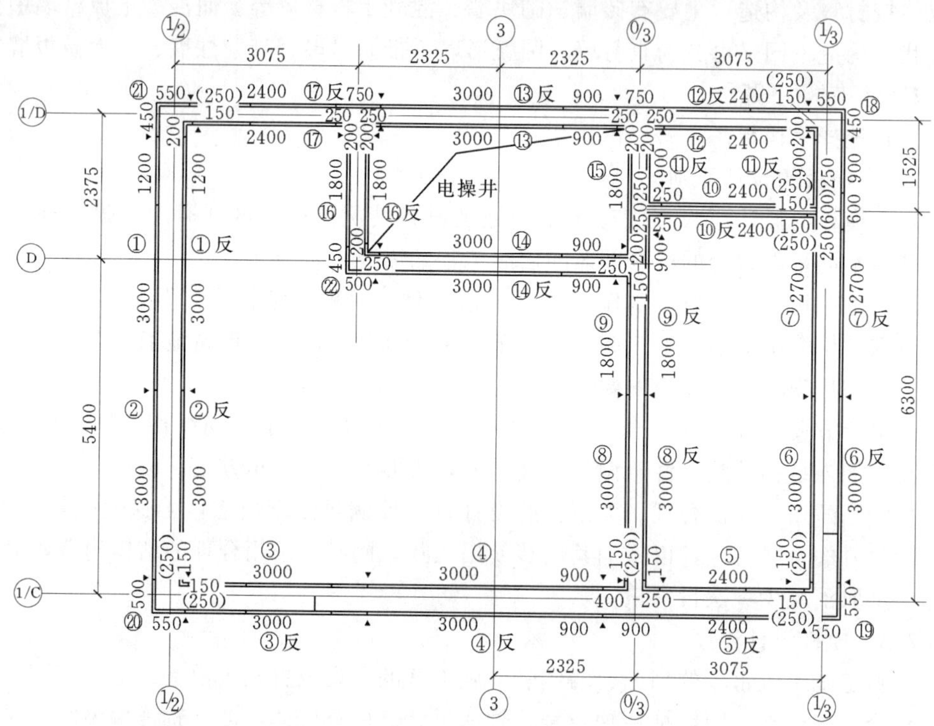

图 3.1　核心筒爬模实例

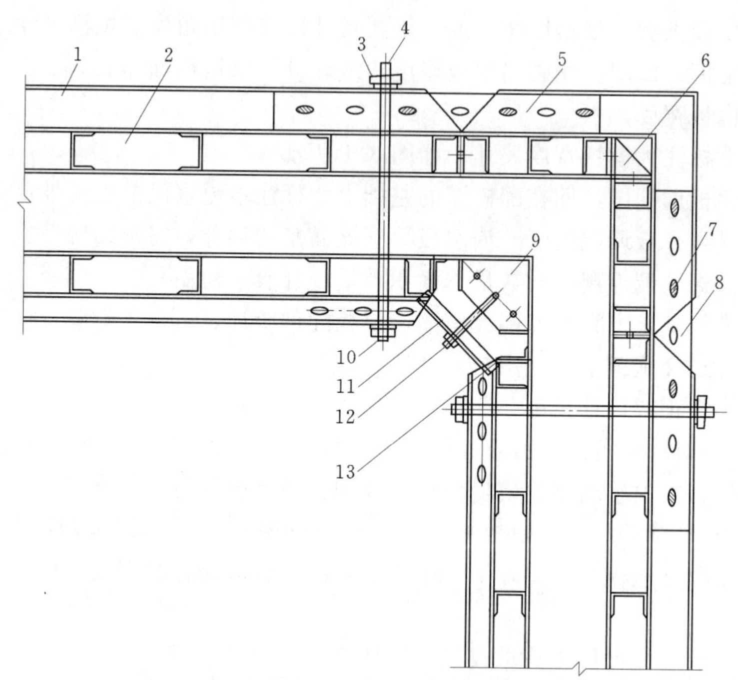

图 3.2　大模板阴阳角节点平面图

1—水平背楞；2—大模板；3—钢楞；4—锥形穿墙螺栓；5—直弯水平背楞；6—阳角模；7—转钢销；8—芯带；9——阴角模；10—螺母；11—槽钢垫；12—拉钩螺栓；13—不等边角钢

3.1.5.2.3 大模板的尺寸确定

1. 大模板的高度

(1) 内墙大模板的高度应比标准层内墙净高高20～50mm，以利于内墙上口混凝土浮渣剔凿，因此按标准层层高减100mm作为内墙大模板高度。以北京住宅结构为例，层高分别为2700mm、2800mm、2900mm，以2800mm较多，楼板厚度一般为120～150mm，因此层高减100mm，内墙大模板高度分别为2600mm、2700mm、2800mm，比内墙净高高20～50mm，符合使用要求。

(2) 外墙大模板高度因工程结构特点和施工单位的习惯做法而异。一般做法为：外墙大模板高度比层高高50mm，即比内墙模板高150mm，为此可采取内外墙等高，可以互换使用。在外墙有阳台部位的外模板，同内模板一样，在外墙其他部位接高150mm，接高模板设置装饰线条。

(3) 外墙大模板下部可设下包模板，同外挂架相连；也可直接连接L80×8角钢作为装饰线下包连接。

2. 大模板的宽度

(1) 全钢大模板的宽度以300mm为模数，其宽度规格见表3.1。

(2) 95 (98) 系列钢框胶板模板，有定型整体大模板、组拼式大模板和通用组合模板三种，其规格见表3.2。

表3.1　　全钢大模板的宽度规格

大模板的宽度（mm）	高精度通用组合大模板	组拼式大模板	定型整体大模板
600	常用规格	常用规格	常用规格
900	常用规格	常用规格	常用规格
1200	常用规格	常用规格	常用规格
1500	常用规格	常用规格	常用规格
1800		常用规格	常用规格
2100			常用规格
2400		常用规格	常用规格
2700			常用规格
3000		常用规格	常用规格
3300			备用规格
3600			常用规格
3900			备用规格
4200			常用规格
4500			常用规格
4800			常用规格
5100			备用规格
5400			常用规格
5700			备用规格
6000			常用规格

表 3.2　　95（98）系列钢框胶合板模板规格一览表

模板宽度 (mm)	模板高度 (mm)														
	3000			2850		2700			2400	2100	1800	1500	1200	900	600
6000	DX			DX		DX									
5700	DX			DX		DX									
5400	DX			DX		DX									
5100	DX			DX		DX									
4800	DX			DX		D									
4500	DX			DX		DX									
4200	DX			DX		DX									
3900	DX			DX		DX									
3600	DX			DX		DX									
3300	DX			DX		DX									
3000	DX	ZP		DX	ZP	DX	ZP								
2700	DX	ZP		DX	ZP	DX	ZP								
2400	DX	ZP		DX	ZP	DX	ZP								
2100	DX	ZP		DX	ZP	DX	ZP								
1800	DX	ZP		DX	ZP	DX	ZP								
1500	DX	ZP		DX	ZP	DX	ZP								
1200	DX	ZP	TY	DX	ZP	DX	ZP	TY	TY	TY	TY	TY	TY		
900	DX	ZP	TY	DX	ZP	DX	ZP	TY	TY	TY	TY	TY	TY	TY	
600	DX	ZP	TY	DX	ZP	DX	ZP	TY	TY	TY	TY	TY	TY	TY	TY
500	TY								TY	TY	TY	TY	TY	TY	TY
400	TY								TY	TY	TY	TY	TY	TY	TY
300	TY								TY	TY	TY	TY	TY	TY	TY

注　1. DX 为定型整体大模板；ZP 为组拼式大模板；TY 为通用组合模板。

2. 高度为 2850mm 的模板仅用于外墙大模板。

（3）配模时大模板宽度规格的选用依据为：

1）墙面净尺寸−2 个角模边长。

2）当墙面较长，可分为 2～3 块配模。

3）根据塔吊起重力矩，计算出距塔吊最远处大模板的重量，并算出其宽度规格。例如：塔吊 QT80，最大幅度 40m，起重荷载 20kN，大模板 1.25kN/m^2，则 20÷1.25=16（m^2），模板高度 2.7m，得模板最大宽度 5.93m，取相近模数化模板宽度 5700mm。因此在配模时，建筑物最远处的模板宽度不超过计算宽度。

4）当一项工程基本上都采用标准阴角模时，则大模板宽度容易产生非模数尺寸，此时需采用调节模板作为模数化标准模板的补充。调节模板可按表 3.3 中三种做法选择。

表 3.3　　调节模板的三种做法

余数	1	2	3
	调节模板宽＝余数	调节模板宽＝余数＋600mm	调节模板宽＝余数＋900mm
	通用	用于组拼式和高精度大模板	用于定型整体大模板
10	10	610	910
20	20	620	920
50	50	650	950
100	100	700	1000
150	150	750	1050
200	200	800	1100
250	250	850	1150

例如：轴线尺寸4400mm，墙厚200mm，标准角模边长200mm×200mm，大模板总宽度＝4400－200－200×2＝3800（mm），当采用定型整体大模板时，可选用一块2700mm宽标准模板和1块1100mm宽调节模板，2块模板可各自独立调运装拆，也可连接在一起整体拆卸。当采用组拼式大模板时，可选用1块1200mm宽、2块900mm宽标准模板和1块800mm宽调节模板组合：1200＋900×2＋800＝3800（mm）。

（4）阴角模的边长确定方法如下：

1）当墙体厚度为200mm时，阴角模宜采用标准角模，阴角模的边长为200mm×200mm。此时2个阴角模边长＋墙厚＝200＋200＋200＝600（mm）。当轴线尺寸为300mm建筑模数的倍数时，墙面净尺寸减去2个阴角模的边长后，其大模板的宽度尺寸也符合模数。

2）当轴线尺寸符合建筑模数，其墙体厚度小于200mm或大于200mm时，阴角模宜采用非标准角模，以使大模板保持模数化。阴角模的边长按表3.4确定。

表 3.4　　阴角模的边长确定表

轴线居中时墙厚（mm）	轴线偏中时单侧墙厚（mm）	角模边长（mm）	当轴线居中时墙厚加2个阴角模（mm）	当轴线偏中时单侧墙厚加单侧阴角模（mm）
160	80	220	600	300
180	90	210	600	300
200	100	200	600	300
250	125	175	600	300
300	150	150	600	300
350	175	125（275）	600（900）	300（450）
400	200	250	900	450
450	225	225	900	450
500	250	200	900	450
550	275	175	900	450
600	300	150	900	450

3）当高层建筑墙厚有多次变化时，首先确定大模板的宽度，施工时从下到上定位不变，由于墙厚变化，阴角模边长随之变化，一项工程可换几次角模，但“2个阴角模边长＋墙厚”必须是一个定数，如600mm或900mm。

4）当轴线尺寸不符合建筑模数时，宜将除以300后的余数分配到阴角模，余数小于150mm可分配到1个阴角模，余数大于或等于150mm可分配到2个阴角模。

5）互成直角的两道墙，由于墙厚不同、轴线偏中时单侧墙厚不同或其中一道墙因其轴线尺寸为非模数而阴角模边长调整，都可能出现不等边阴角模。

3.1.5.3 设计要求

大模板设计除绘制构造、节点、拼装和零配件图纸外，尚应绘制配板平面布置图和施工说明书。

3.1.6 职业活动训练

（1）阅读某一工程的大模板配置方案。

（2）邀请大模板制造厂的设计工程师与学生交流座谈，提高学生大模板配置的基本技能。

学习单元3.2 墙大钢模的安装、检测、拆除

3.2.1 学习目标

（1）会依据模板配置图进行模板的安装。

（2）能依据模板安装质量标准进行质量检测。

（3）能根据模板拆除方案进行模板的拆除。

（4）能对安装过程进行安全、技术、质量管理和控制。

（5）锻炼组织能力、协调能力、管理能力。

3.2.2 学习任务

（1）会使用大模板安装的各种工具。

（2）熟悉模板安装的工艺过程及安装工艺要点。

（3）对模板安装质量检测与进行控制。

（4）对施工现场进行合理的布置并进行管理。

3.2.3 学习内容

（1）大模板安装前的施工准备。

（2）大模板安装工具的使用。

（3）大模板安装工艺要点。

（4）大模板安装质量检测。

（5）大模板拆除工艺要点。

（6）大模板安全操作技术要求。

3.2.4 任务描述

按照学习单元3.1配置的墙模板施工图，进行墙大模板的安装、检测，使学生对大模板施工过程及工艺要点有一个深刻的理解，能对墙进行大模板施工。

3.2.5 任务实施

3.2.5.1 施工流水段的划分与模板配备

1. 施工流水段的划分

采用大模板工艺施工的工程一般为全剪力墙结构、框架剪力墙结构或短肢墙结构。为了均衡有序地组织施工，减少大模板的投入，有利于大模板的周转使用，通常根据结构平面特点划分若干流水段，流水段划分原则如下：

（1）按照结构平面形状特点划分，力求每段几何图形大致相似，工程量大致相等，墙体大模板的面积、型号、数量基本一致。对于局部房间的尺寸差异，可通过配模设计解决。

（2）以中轴线左右对称的塔楼，宜划分为2～4个流水段。

（3）风车形顺转的塔楼平面，宜按每个“叶片”为一流水段。

（4）板式建筑宜按单元划分流水段，模板应按单元分界轴线偏多配置。

（5）当楼层平面设置若干后浇带、加强带或沉降缝时，应利用后浇带、加强带或沉降缝位置将楼面分为若干流水段，逐段组织流水施工。

（6）各流水段所浇筑的混凝土量应与混凝土搅拌能力及垂直、水平运输能力相适应。

（7）各流水段劳动力相对稳定，参与流水的各工种宜均衡组织施工，避免出现个别“驼峰”现象，力求每天都在绑钢筋、支模板和浇筑混凝土。

（8）塔吊吊装大模板的吊次尽可能减少，且各流水段大模板的吊次大致相等，以便充分发挥垂直运输设备的能力。

2. 模板配备

模板配备的数量应根据流水段的大小和结构类型来确定。另外，在山墙及变形缝墙体部位还需另外配备大模板。

在冬期施工中，由于施工周期相对延长，模板占用量也相对增大，此时，可以采取增加每个流水段的轴线，或多配备供两个流水段施工用的模板，以满足冬期施工混凝土强度增长的需要。

3.2.5.2 安装前的准备工作

（1）熟悉配模图、编号调配图、节点大样图等大模板施工图，了解大模板及其配件的基本构造、相互关系、使用功能。

（2）对进场人员（项目经理、技术负责人、责任工程师及主要操作人员）进行大模板施工安全技术交底。

（3）对运到现场的大模板、各种配件及安装螺栓的品种、规格、数量、型号、堆放及加工质量进行清点、验收；对于斜撑、电梯井平台钢梁、筒模等进行预拼装。

（4）进行测量放线。对墙轴线、墙体边线、大模板边线、分块界限、门窗洞口进行放线。

（5）进行楼面抄平，必要时在模板底边范围内做好找平层抹灰带。局部不平可临时加垫片，进行砂浆勾缝处理。

（6）绑扎墙体钢筋，对偏离墙体边线的下层插筋进行校正处理；在墙角、墙中及墙高度上、中、下位置设置控制墙面截面尺寸的铁撑脚或钢筋撑，间距（1200mm×1200mm）

～（1500mm×1500mm），并与钢筋点焊。

（7）安装门窗洞口模板，预埋木盒、铁件、电器管线、接线盒、开关盒等，合模前必须通过隐蔽工程验收。

（8）在进行总平面布置时，在塔吊起吊半径范围内，布置大模板的组装场地和大模板的堆放场地。大模板的堆放场地面积约为模板面积的1/2。在场地范围内进行场地平整、夯实，并准备好垫木、垫板。组拼时还可利用已装好的单块面积较大的大模板，将其正面朝上，作为其他模板组拼的工作台。

（9）对于不设斜撑的大模板，如沉降缝模板、宽度较小的模板等应搭设钢管支架，并设置必要的剪刀撑和斜撑，将上述模板插入支架中堆放。

（10）大模板组拼后，在就位安装前，必须涂刷优质隔离剂。比较好的隔离剂（脱模剂）主要有长效脱模剂、乳化机油、机柴油等。

（11）合模前应将模板截面范围清理干净。

（12）做好测量放线工作。

1）轴线的控制和引测方法。每幢建筑物的各个大角和流水段分段处，均应设置标准轴线控制桩，据此用经纬仪引测各层控制轴线。然后拉通尺放出其他墙体轴线、墙体的边线、大模板安装位置线和门洞口位置线等。

由于受场地限制，用经纬仪外测控制轴线非常困难。近年来一些单位使用激光铅垂仪进行竖向轴线控制，具有精度高、误差小等优点，是高层建筑施工中较简便易行的测量方法。通常做法是用激光铅直仪垂直投点，用经纬仪在楼层水平布线。具体做法是：在制定施工组织设计或测量方案时，根据建筑物的轴线情况设计出激光测量用的洞口位置。该位置宜选在墙角处，每个流水段不少于3个，呈L形，分别控制纵、横墙的轴线，如图3.3所示。在现浇楼板施工时，每层楼板上预留20cm×20cm的孔洞，垂直穿越各层楼板，作为激光的通视线。在首层地面上设垂直控制点，于相邻两外墙内皮50cm控制线的交点处，即为铅垂控制点。控制点可以用预埋钢板或钢筋制作，用经纬仪量测出中心点，并刻划出十字线。以上各层测量时均以此点为准，如图3.4所示。

测量时，在首层支放激光铅垂仪，使其定位于控制点上，将水平气泡对中，使激光束垂直通过铅垂控制点。在要测设的楼层预留的洞口上，放置激光接收板，激光板为250mm×250mm×5mm的玻璃，上贴半透明靶心纸，如图3.5所示。打开激光仪，分别在0°、90°、180°、270°四次投射激光，在激光接收板上确定相应的4个激光斑点的位置，然后移动靶心，使4个激光斑点分别重合在同一个圆上，其靶心即为该楼层的铅垂控制点。依上述方法将本流水段各控制点做完，然后在L形控制线的转角处架设经纬仪，测设本流水段的各条轴线和模板位置线，如图3.6所示。

测设时，激光铅垂仪要安放稳定，在其上方设立防护板，防止坠物伤害仪器。操作时，上下联系使用对讲机。操作后，预留的测量方孔要用盖板封严，防止坠物伤人。当结构封顶不再需要激光测量时，要将预留洞周边剔出钢筋，与加强筋焊接后浇筑混凝土进行封堵。

2）水平标高的控制和引测方法。每幢建筑物设标准水平桩1～2个，并将水平标高引测到建筑物的首层墙上，作为水平控制线。各楼层的标高均以此线为基准，用钢尺逐层引

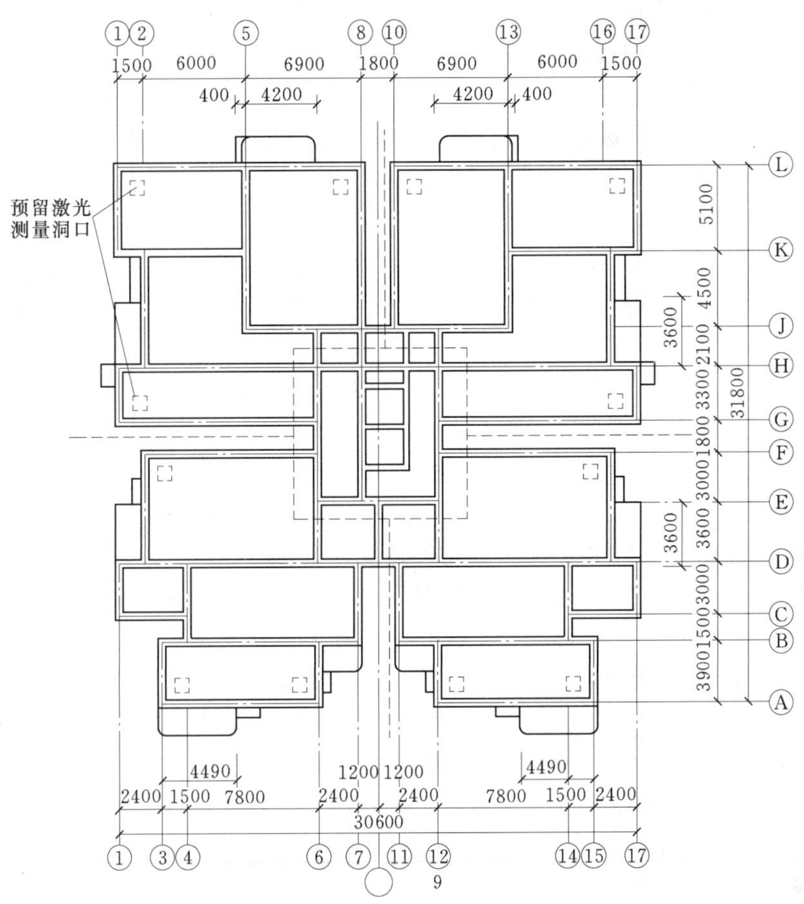

图 3.3 某工程铅垂控制点平面留洞图

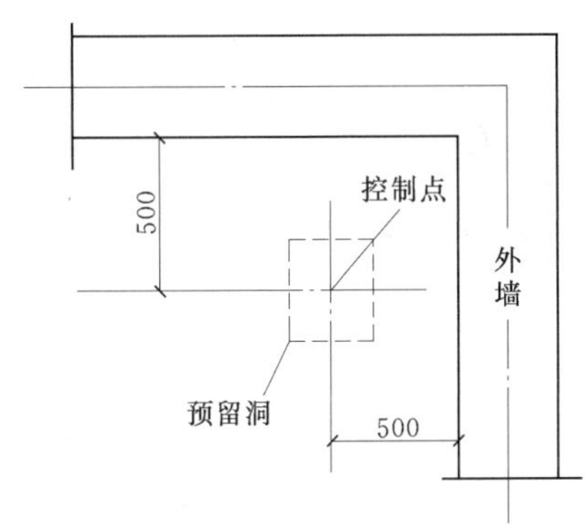

图 3.4 预留孔洞具体位置

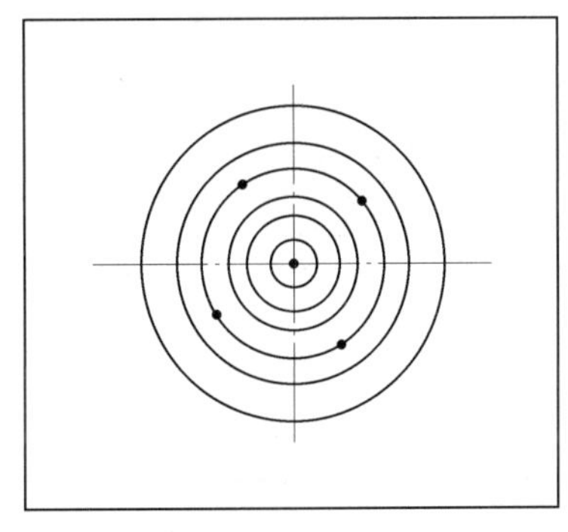

图 3.5 靶心纸

测。每个楼层设两条水平线，一条离地面 50cm 高，供立口和装修工程用；另一条距楼板下皮 10cm，用以控制墙体找平层和楼板安装的高度。另外，在墙体钢筋上应弹出水平线，据此抹出砂浆找平层，以控制墙板和大模板安装的水平度。

3）验线。轴线、模板位置线测设完成后，应由质量检查人员、施工员或监理员进行验线。

3.2.5.3　大模板预拼装

（1）在平整、坚实的场地上，铺设木方或已拼好的大块模板。

（2）定型整体大模板正面朝下，背面朝上，安装斜撑和挑架后即可独立堆放。对于有数块大模板连接在一起的，应先用安装螺栓 M16×40 进行模板边框连接，使边框对齐无错台，然后在两块模板水平背楞之间设芯带和钢销，用 2m 靠尺检查背面平整度，最后安装斜撑和挑架，起吊堆放。然后从正面检查平整度，对局部错台进行调整、校正。

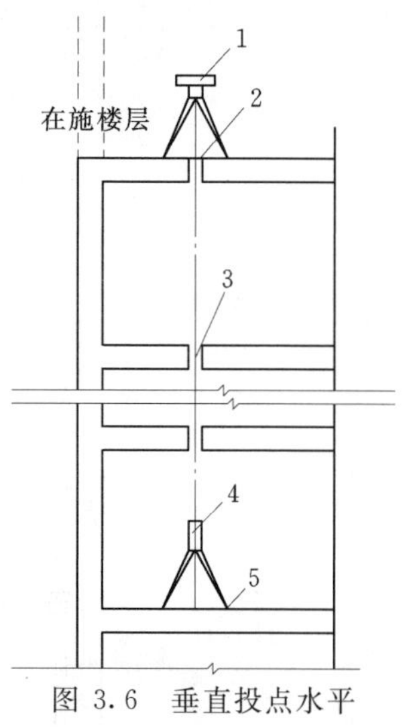

图 3.6　垂直投点水平布线示意图

1—经纬仪；2——激光接收板；3—预留孔洞；4—铅垂仪；5—首层地面

（3）组拼式大模板（含“子母口”式大模板）及高精度通用组合大模板组拼时，根据配模图排列顺序进行吊运，同样正面朝下，背面朝上，唯“子母口”式大模板有先后顺序，即“子”口模板先放下，“母”口模板压住其边。将数块模板边框之间连接后，螺栓不宜拧得太紧，即开始安装水平背楞，模板与水平背楞连接并紧固后，再紧固边框之间的螺栓。安装斜撑和挑架，起吊堆放。从正面检查平整度，对局部错台部位先松动相关的螺栓，通过背面敲打或拼缝校正板调节，消除错台，使其符合要求后再进行紧固定位。

（4）每块大模板的斜撑、挑架组装数量及间距见表 3.5。

表 3.5　　大模板的斜撑、挑架组装数量与间距

名称	规格范围（mm）	组装数量（个）	边距（mm）	中距（mm）	备　注
斜撑	6000～4200	3	900	2100～1200	
	3600～2400	2	600	2400～1200	
	2100～1200	2	600～300	900～600	
	900～600	1	600～300		
挑架	6000～4800	5	600	1200～900	
	4500～4200	4	600	1200～600	
	3600～2400	3	600～300	1200～600	
	2100～900	2	600～300	2100～300	
	600	0			

（5）各类型大模板在起立堆放后，即进行两边企口搭接角钢的安装，检查角钢与面板是否错开面板厚度，确认无误后紧固安装螺栓。

（6）根据施工需要，在大模板背面安装工具箱、爬梯。

（7）在大模板背面根据调配图编号以鲜明的油漆和较大字体，规整地进行编号。

（8）电梯井筒模宜在生产厂组拼后直接运到现场，以使各相连部分能在生产厂调试

好，做到伸缩调节自如、灵敏，并减少在现场的组拼时间。

3.2.5.4　大模板就位安装

（1）大模板就位安装按照配模图对号入座，并按照楼面上放设的模板边线及分块界限微调定位。

（2）大模板安装顺序：先中间、后外围，先横墙、后纵墙，先内模、后外模，先大模、后角模。

（3）对于一道墙，先安装一侧模板，再安装另一侧模板，经靠尺检查并调整垂直后，穿入锥形螺栓紧固。

（4）对于采用冷挤压满丝扣穿墙螺栓的工程，先安装一侧大模板并调整垂直，穿入穿墙螺栓和塑料套管后，再安装另一侧大模板，经靠尺检查并调整垂直后，紧固穿墙螺栓。

（5）大模板定位紧固后，安装阴角模板，紧固拉钩螺栓和槽钢垫，检查阴角模与大模板企口搭接情况，要求接缝处无错台，角模面板与大模角钢紧贴，角模边缘与大模板之间的间隙控制在2mm以内。

（6）外墙大模板安装时，宜先安装大模板和阳角模，连成整体后，再安装外模之间的芯带、钢销和锥形穿墙螺栓，以防止误差集于阳角模而难于调整。

（7）安装电梯井平台，吊装筒模，筒模与外围大模板进行穿墙螺栓连接。

（8）进行大模板安装质量检查，对局部超差部分，可通过穿墙螺栓、斜撑调节螺栓等进行调整、校正。对每个房间两条对角线的超差，必要时可用钢丝绳及手动葫芦调整。

（9）在首层墙体混凝土达到一定强度后，按外挂架平面布置图，在外墙最上一排穿墙孔上安装外挂架。

1）首次安装外挂架的程序：搭设临时脚手架→安装挂钩螺栓→安装外挂架→插入安全销→安装下包模→安装连接钢管→安装栏杆→安装吊架→铺设平台和吊架木板→挂设安全网→拆除临时脚手架。

2）上返外挂架程序：在上层外墙安装挂钩螺栓→拆除下层外挂架安全销→由塔吊分段整体拆除外挂架→由塔吊分段吊装到上层并插入钩头内→插入安全销。

3）进行外挂架的安全检查，若下包模与已浇墙体之间有间隙，可在吊架上进行操作，在竖向槽钢底部支座与墙体之间打入木楔，直至下包模贴紧墙面上。

（10）大模板冬季施工时，应在大模板背面竖肋之间采用聚氨酯泡沫塑料等材料进行保温。

3.2.5.5　大模板安装质量

（1）大模板安装质量应符合下列要求：

1）大模板安装后应保证整体稳定性，确保施工中模板不变形、不错位、不胀模。

2）模板拼缝要平整，堵缝措施要整齐牢固，不得漏浆。

3）模板与混凝土的接触面应清理干净，隔离剂涂刷均匀。

（2）大模板安装和预埋件、预留孔洞尺寸允许偏差及检验方法应符合表3.6的规定。

表 3.6　　大模板安装和预埋件、预留孔洞尺寸允许偏差及检验方法

项　　目		允许偏差（mm）	检 查 方 法
轴线位置		5	用尺量检查
轴线内部尺寸		±2	用尺量检查
层高垂直	全高≤5m	3	用 2m 托线板检查
	全高>5m	5	
相邻模板板面高低差		2	用直尺和尺量检查
平整度		4	上口通长拉直线用尺量检查下口按模板就位线为基准检查
预埋钢板中心线位置		3	拉线和尺量检查
预埋管、预留孔中心线位置		3	拉线和尺量检查
预埋螺栓	中心线位置	2	拉线和尺量检查
	外露长度	±10，0	尺量检查
预留洞	中心线位置	2	拉线和尺量检查
	截面内部尺寸	±10，0	尺量检查
电梯井	井筒长、宽对定位中心线	±25，0	拉线和尺量检查
	井筒全高垂直度	H/1000 且≤30	吊线和尺量检查

注　本表摘自《建筑工程大模板技术规程》（JGJ 74—2003，J 270—2003）和《混凝土结构工程施工质量验收规范》（GB 50204—2002）。

3.2.5.6　大模板的拆除

（1）拆除程序：拆除穿墙螺栓螺母、钢楔→扳动螺栓方头旋转→螺栓从小头向大头方向拆除→调节大模板斜撑，后倾脱模→拆除大模板→调运到下一流水段→大模清理、涂刷隔离剂→多余规格大模吊至地面→拆除阴阳角模→角模清理、涂刷隔离剂→角模调运到下一流水段备用→角模清理、涂刷隔离剂。

（2）拆模条件：大模板应在混凝土强度达到一定程度，能保证结构不变形、棱角完整时方可拆除，一般控制在 1.2MPa。为此要准确掌握拆模时间和混凝土强度，拆模过早会影响混凝土表面质量，过晚会使混凝土与模板黏结力增强，难以拆除。

混凝土在不同温度条件下的早期强度不同，因此应根据每项工程墙体混凝土的具体情况，确定拆模时间。

3.2.5.7　工程完成后的模板整理

（1）大模板运到地面堆放，及时清理模板，板面涂刷油性隔离剂进行保护。

（2）大模板背面朝上平放，拆除挑架、斜撑等配件并及时清理，对斜撑、丝杠、穿墙螺栓、安装螺栓进行注油保护。

（3）模板配件按品种、规格集中进行清点，运送到模板仓库保存或返还给出租单位。

3.2.5.8　大模板安全使用措施

（1）设计大模板时，应对大模板、穿墙螺栓、外挂架、挂钩螺栓、吊钩等进行计算。

（2）大模板加工制作必须符合图纸设计要求和国家现行标准的有关规定，所使用的各

种材料，应具有相应的材质证明。

(3) 大模板的焊接除图纸规定的间断焊接外，所有节点部位必须满焊，且焊缝质量必须达到规定要求。对吊钩、挑架、外挂架的焊接应重点检查。

(4) 大模板使用前，应编制大模板工程施工组织设计或施工方案，制定具体的安全使用措施。大模板施工前，应对有关管理人员和操作人员进行技术交底，并经常进行安全检查，落实整改措施。除执行施工组织设计或施工方案技术安全措施外，必须执行国家、地方政府和施工主管单位的有关安全法规、安全规定和安全技术措施。

(5) 当模板处于堆放阶段时，应调节模板斜撑的调节丝杠，使模板板面与地面的倾斜度符合设计的自稳角要求。当阴角模与大模板相连时，大模板下垫方木，以避免相连的角模底部变形。

(6) 大模板堆放排列时应做到面对面、背对背堆放，以防止一顺倒，并节约堆放场地。

(7) 对于不设斜撑的模板，应在现场搭设钢管架堆放，堆放架应设有剪刀撑和双向斜撑。

(8) 大模板施工吊装时，应做到稳起稳落，就位准确。并做到及时吊运、及时安装紧固，避免模板散落在楼层上。当遇有大风天气，除按有关规定停止塔吊吊运外，对已放置在楼层上的大模板应采取可靠的防倾倒措施，将大模板与建筑物临时固定。

(9) 大模板上必须有操作平台、栏杆，爬梯、外挂架上必须有栏杆及安全网。外挂架设吊架时，上下栏网连通，并设吊架的防坠网。

(10) 外挂架挂钩螺栓钩头宜设计为圆盘形，圆盘与螺旋杆除螺纹连接外，增加一圈焊缝。圆盘钩头使插口永久朝上，确保挂稳，避免通常L形挂钩螺栓的钩头经常朝下的不安全因素。外挂架的挂钩在挂钩螺栓钩头上就位后，插入ϕ16安全销以防止因大风或错误操作等意外情况，出现外挂架上浮或倾倒情况。

(11) 外墙大模板吊装时，直接坐落在紧贴外墙的下包模上，并及时用穿墙螺栓连接紧固，避免大模板坐落在远离外墙的平台上。

(12) 外挂架平台及吊架上不得放置除大模板以外的物品，规定每段外挂架上不得超过2个操作人员，以避免增加外挂架的额外荷载。安装外挂架和外墙大模板的操作人员必须系好安全带。安装挂钩螺栓必须在外墙混凝土强度达到1.2MPa以上，安装外挂架必须在外墙混凝土强度达到5MPa以上。

(13) 选用吊运大模板的机械设备时，其总起重能力必须满足起吊最远处大模板和最大块大模板的力矩要求。当起重能力不能满足时，大模板可做分块调整。垂直运输设备必须确保正常运转，按规定进行定期检查、保养和维修。吊运大模板的索具、吊钩等起重配件，必须符合安全要求，并经常进行检查。

(14) 大模板拆除起吊前应检查所有穿墙螺栓及各种应拆除的连接件。连接螺栓是否全部拆除，调节斜撑丝杠模板后倾，模板与混凝土完全脱开后，方准起吊，禁止借晃动大模板而脱模的做法。

(15) 在大模板上架设照明时应采用36V的低压电源，在大模板上使用电动工具应采取漏电保护器等安全措施，大模板用于高耸建筑施工时，应有防雷击措施。

(16) 大模板连接件及扳手等工具必须放在箱盒或大模板背面的工具箱中，严禁插在大模板背面或放在悬挑平台上，防止掉落。

3.2.6　学习与提高

3.2.6.1　大模板的类型

大模板是一种单块面积较大的大型模板，大模板的高度根据层高和内外墙位置选用，大模板的宽度根据开间、进深确定，一般为一面墙的净长（除角模外）选配一块。墙较长时可选择多块组合使用。大模板具有完整的使用功能，包括角模、斜撑、挑架、穿墙螺栓等全部配套，采用塔吊进行垂直水平运输、吊装、拆除，工业化、机械化程度高。大模板工艺施工方法简单、方便、可靠，施工速度快，工程质量好，混凝土表面平整光洁，不需抹灰或简单抹灰即可进行内外墙面层装修，大模板是一种模数化、通用化的模板，周转使用次数多，摊销费用少，综合经济效益好，具有良好的发展和推广前景。

1. 专用整体大模板

根据具体工程的层高、开间、进深尺寸而专门设计、制作的大模板。模板宽度等于一面墙体的净尺寸减去两个角模边长，即每道墙一块大模板，中间无拼缝，模板的宽度尺寸常出现超宽和零数。模板孔眼间距也仅为本工程特定。

优点：专用整体大模板无拼缝，工程质量外观好。

缺点：模板的通用性差，仅为一项工程专用，模板一次投资大，周转使用次数少，摊销费用高，技术经济效果较差。

2. 组拼式大模板

用水平背楞和连接螺栓将数块模板组拼成所需宽度的大模板。标准模板宽度通常以600～1500mm为主，有时也采用1800～3000mm的大规格。模板高度：内墙一般为2600mm、2700mm，外墙为2750mm、2850mm。水平背楞长度为净尺寸减去2个阴角模边长。例如：轴线尺寸5900mm，墙厚200mm，阴角模边长200mm，则大模板宽度为5900－200－200×2＝5300（mm），可由4块1200mm宽标准模板和1块500mm宽调节模板组拼而成，再加工5300mm长背楞3道，在生产厂组拼好，直接运到施工现场使用，如图3.7所示。

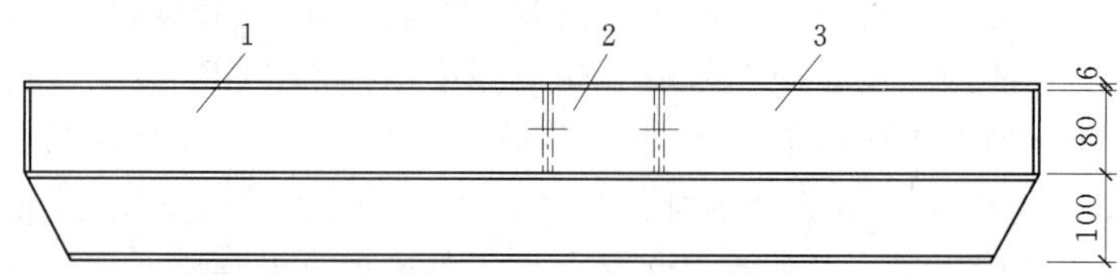

图3.7　组拼式大模板示意图

1—标准大模板之一；2—调节模板；3—标准大模板之二

优点：模板的通用性强，组拼灵活，很适合模板公司或模板租赁站开展租赁业务，由于模板周转使用次数多，经济效益良好。

缺点：拼缝多，两块模扳之间易出现错台现象，板面平整度较整体大模板差，水平背楞改制改装量大。

3. “子母口”式大模板

它是组拼式大模板的一种，其特点是模板拼缝之间不是平面拼接，而是一块大模板的面板在一边凸出 20～30mm，另一边凹进 20～30mm，两块模板之间互相错台相接。“子母口”式大模板有方向性，同样宽度的模板会出现四种规格，即左公右母、左母右公、双公、双母。当模板不是一顺相连时，需加窄条面板或槽钢衬模处理，如图 3.8 所示。

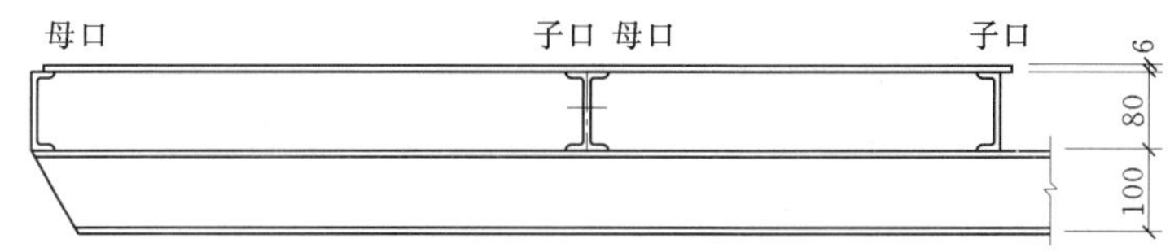

图 3.8　“子母口”式大模板示意图

优点：模板不易漏浆，混凝土表面效果好。

缺点：模板凹边清理困难，凸边易变形且不好维修，模板加工成本偏高，周转使用不太方便。

4. 定型整体大模板

这种模板是定型的、模数化的，以 300mm 为模数确定模板的高度和宽度。当结构工程的轴线尺寸符合建筑模数时，相应的定型整体大模板也是一块。当结构工程的轴线尺寸不符合建筑模数时，在排列定型整体大模板后的余数采用调节模板补充或调整阴角模边长尺寸。当一个工程施工完成后，后继工程按现有模板规格重新组合，实现多次重复使用，如图 3.9 所示。

优点：定型大模板既突出了模板的通用性，也突出了模板的整体性，做到拼缝少、刚

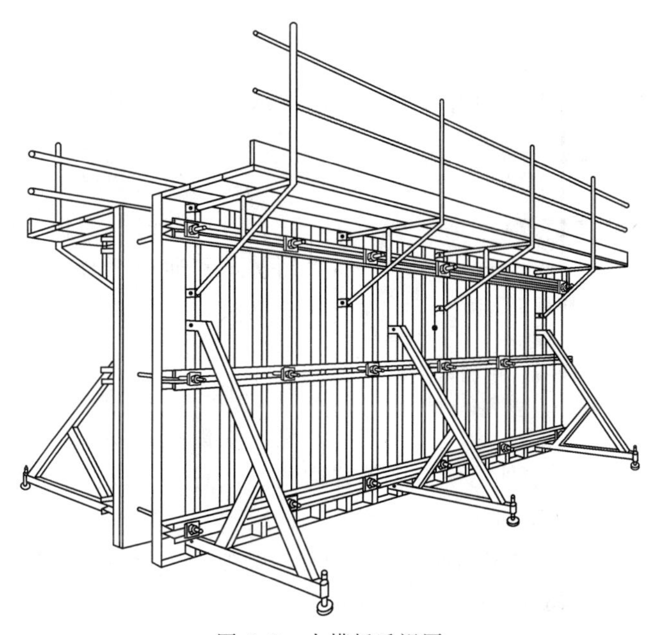

图 3.9　大模板透视图

度大、板面平整，混凝土达到清水墙效果，内外墙都不抹灰，直接装修，安装维修方便。

缺点：标准模板规格较多。

5. 高精度通用组合大模板

这种模板在加工焊接成型后，对每块模板四周边框及模板背面进行机械铣削加工，使模板外形尺寸偏差控制在0.05～0.10mm，模板边框平直度达到1/2000～1/模板高度。组拼以后大模板无拼装缝隙，两块模板的错台控制在0.2mm，平整度控制在1/2000。由于单块模板加工质量提高，这样更有利于模板通用、互换和组合。角模与大模板之间为斜边结合，也可为企口连接，有利于拆模和墙面平整。

优点：模板加工精度高，确保组拼质量和工程质量的提高。模板的互换性、通用性强，可在墙、柱、梁等结构部位通用组合，周转使用次数多。

缺点：生产成本和单方造价略高，组拼时用工略多。

3.2.6.2 大模板的构造

1. 定型整体大模板

定型整体大模板包括全钢大模板和钢框胶合板大模板，由标准大模板、调节模板、阴角模、阳角模、上接模、下包模、斜撑、挑架、爬梯、工具箱、外挂架、挂钩螺栓、穿墙螺栓、芯带、钢楔、吊钩等组成，如图3.10所示。

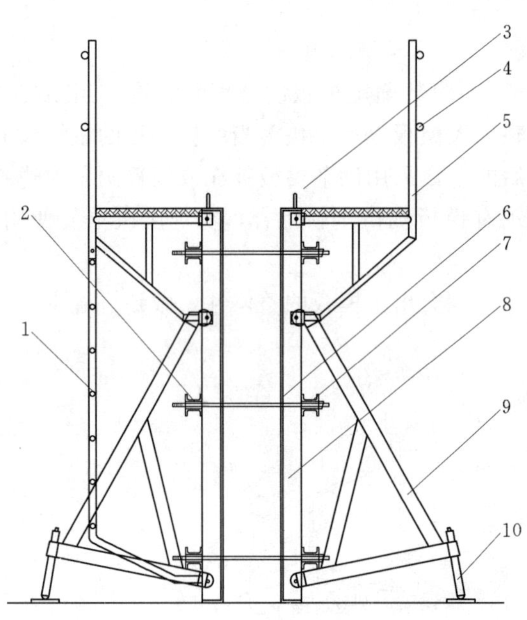

图3.10 大模板剖面图

1—爬梯；2—背楞；3—吊钩；4—钢管护栏；5—挑架；6—锥形穿墙螺栓；7—槽钢背楞；8—全钢大模板；9—斜撑；10—斜撑调节丝杠

2. 组拼式大模板

组拼式大模板包括全钢大模板和钢框胶合板大模板，因背楞同模板分开，另增加连接螺栓、垫片（或专用连接件）。

3. 高精度通用组合大模板

高精度通用组合大模板（全钢，系统组成同组拼式大模板）另配有角度调节模板。

4. 标准大模板的构造

(1) 全钢大模板。包括定型整体式、组拼式和通用组合式，面板采用6mm厚的钢板，竖肋为8号槽钢，横向小肋为60mm×6mm扁钢，两侧及上下边框为8mm厚钢板，水平背楞为双根10号槽钢，模板厚度为86mm，连背楞一起共186mm，如图3.11所示。当外墙模板设置装饰线时，其大模板上口用沉头螺栓安装5～6mm厚、60～110mm宽、下口刨45°斜边的钢板。

(2) 钢框胶合板模板。实腹钢框胶合板模板以特制边框钢材和竖肋、横肋、水平背楞焊接成骨架，嵌入15～18mm厚双面覆膜木胶合板，以拉铆钉连接紧固。模板厚95～98mm，连背楞一起共195～198mm。空腹钢框胶合板模板以空腹边框和矩形钢管或特制

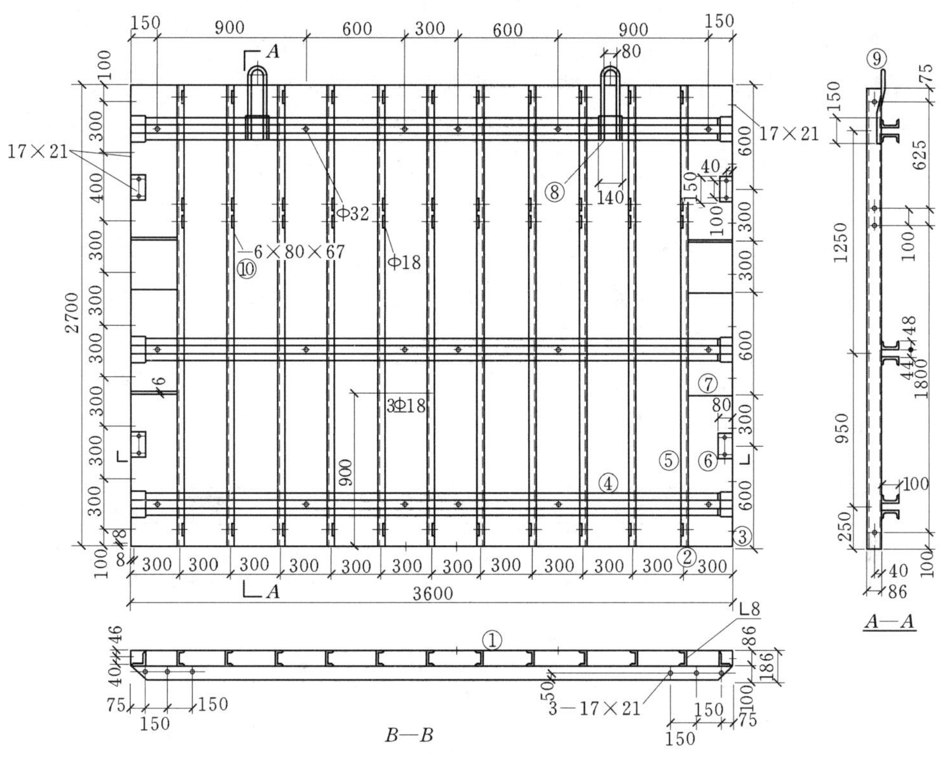

图 3.11　大模板加工图

钢材焊接成骨架，嵌入 15～18mm 厚双面覆膜木胶合板，以拉铆钉或螺钉连接紧固，模板厚 120mm，模板之间用夹具或螺栓连接成大模板，不设背楞，如图 3.12 所示。

5. 调节模板的构造

调节模板亦称填充模板，与各类标准大模板配套使用的大规格调节模板，其构造与标准大模板相同。当调节宽度仅为 10～25mm 时用同厚度钢板刨边加工，50～300mm 全钢调节模板的面板，边框与大模板相同，不设竖向槽钢，仅设扁钢横肋。

6. 上接模板的构造

根据其高度可分为以下三种：

（1）带装饰线的模板。装饰线宽 60～110mm，钢板厚 5～6mm，下口刨 45°斜边。

（2）装饰线与面板合一的模板。装饰线比模板下宽 10mm，以遮盖板缝，如图 3.13 所示。

（3）以角钢接高的模板。

7. 下包模板的构造

用于外墙、楼梯间、电梯井等部位，作为楼板边模和外挂架连成整体，模板高一般为 200mm，面板、边框构造同大模板，中间

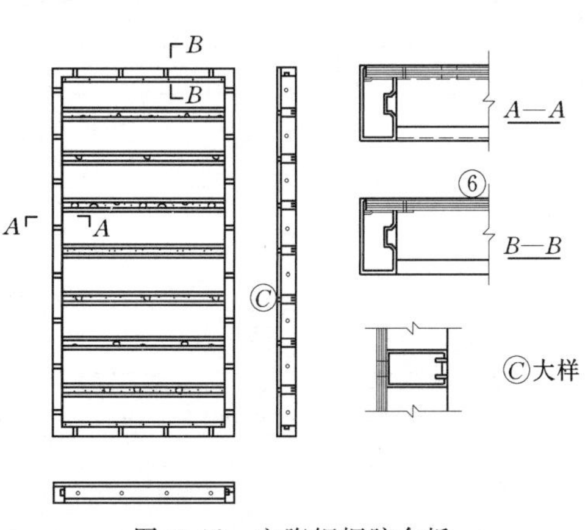

图 3.12　空腹钢框胶合板大模板加工图

的肋为双槽钢和扁钢两种，其中每组双槽钢设 4 个安装孔，中心距同大模板穿墙孔距，用以安装外挂架。下包模板作为上层大模板基座，长边孔距同大模板，装饰线根据需要设置，如图 3.14 所示。

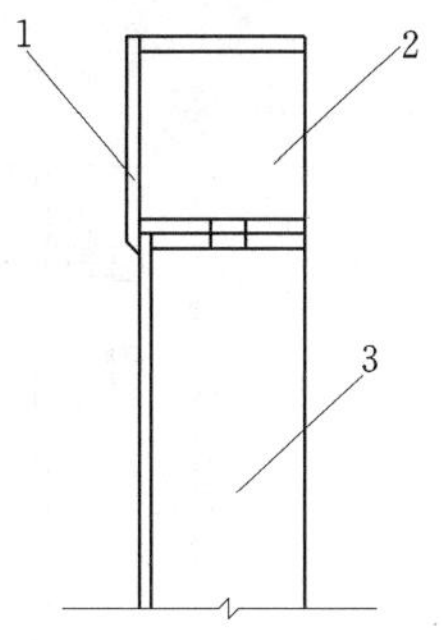

图 3.13　装饰线上接模板
1—装饰线；2—上接模板；3—大模板

3.2.6.3　大模板的孔距要求

1. 穿墙螺栓孔的水平间距

以模板宽度的 1/2 处为中轴线，穿墙螺栓孔眼左右对称。以距模板左右两边 150mm 处为起始和终止孔眼，其余孔眼一般以间距 900～1200mm 左右对称布置，见表 3.7。模板组拼后的多余孔眼可采用塑料孔塞封孔。锥形穿墙螺栓大头为 M30，小头为φ26，穿墙螺栓孔径均为φ32。

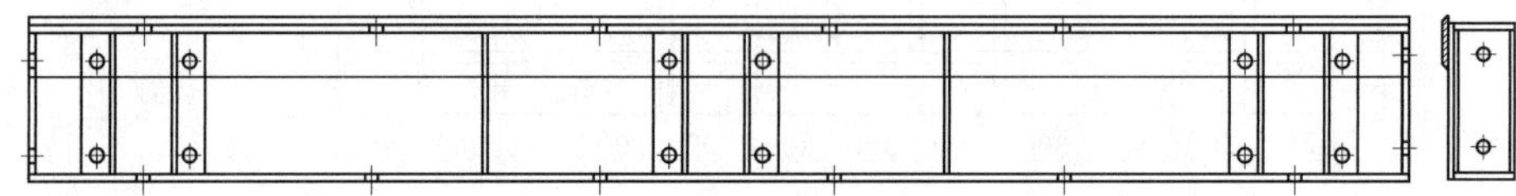
图 3.14　下包模板

表 3.7　　**穿墙螺栓孔水平间距表**　　单位：mm

模板宽度	穿墙螺栓孔水平间距
300	150，150
600	150，300，150
900	150，600，150（450，450/300，600）
1200	150，900，150（600，600/300，900）
1500	150，1200，150（750，750）
1800	150，750，750，150
2100	150，900，900，150
2400	150，1050，1050，150/150，600，900，600，150
2700	150，1200，1200，150
3000	150，900，900，900，150
3300	150，900，1200，900，150
3600	150，1200，900，1200，150
3900	150，900，900，900，900，150
4200	150，900，1050，1050，900，150
4500	150，900，1200，1200，900，150
4800	150，900，900，900，900，900，150
5100	150，900，900，1200，900，900，150
5400	150，900，900，750，750，900，900，150
5700	150，900，900，900，900，900，900，150
6000	150，900，900，1050，1050，900，900，150

注　（　）中的间距尺寸用于组拼式模板的中间部分。

2. 穿墙螺栓孔竖向间距

常用大模板高度2600mm、2700mm、3000mm的穿墙螺栓孔竖向间距为：上、下各300mm，其余中分，共设3道水平背楞；超长模板下部起始300mm，中间900～1200mm，其余设于上部。尺寸示意如图3.15所示。

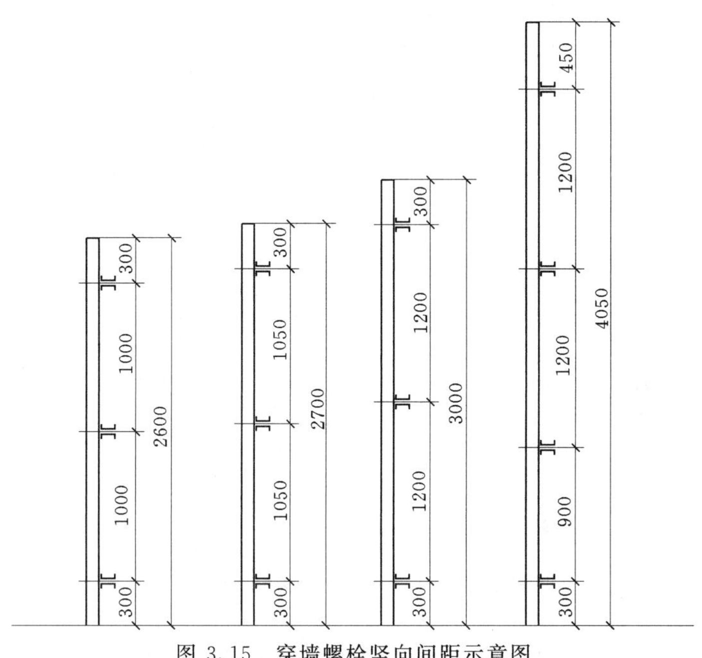

图3.15　穿墙螺栓竖向间距示意图

模板上部孔眼位置关系到外挂架与挂钩螺栓的连接、挂钩螺栓以上混凝土强度对挂架的影响以及挂钩螺栓与过梁钢筋是否相碰等有关，应设计节点大样图，必要时应作调整。作为租赁模板，为适应过梁高度的变化，最上层背楞安装孔可设备用孔，以调整背楞安装间距，并相应调整穿墙螺孔位置。

3. 边框孔距

大模板左右边框孔眼用于模板之间的相互连接，上下边框孔眼分别用于吊钩、上接模板或下包模板连接。模板每边的孔距两端为150mm，其余为300mm；当模板高度为模数时，下端为150mm，中间为300mm，余数在上端。孔中心距板面40mm；孔眼采用椭圆孔17mm×21mm(模板厚度方向17mm，高度方向21mm)，模板板面错台减小，高度方向调节余地大。

4. 挑架、斜撑的安装孔眼

定型整体大模板和组拼式大模板背面每隔300mm的竖肋上设有安装孔眼，可任意安装斜撑和挑架。以往的大模板通常为横肋竖楞，斜撑和挑架安装在竖楞上，互成直角的模板斜撑常发生碰撞，现采用竖肋横楞后可避免相碰，随时可以调整安装位置。

对于高精度通用组合大模板因可以颠倒使用，因此竖肋上相应增加了预留的安装孔眼，上下反向时都可安装。

5. 水平背楞安装孔眼

组拼式大模板的水平背楞与模板分开加工，同模板的连接方法有如下几种：

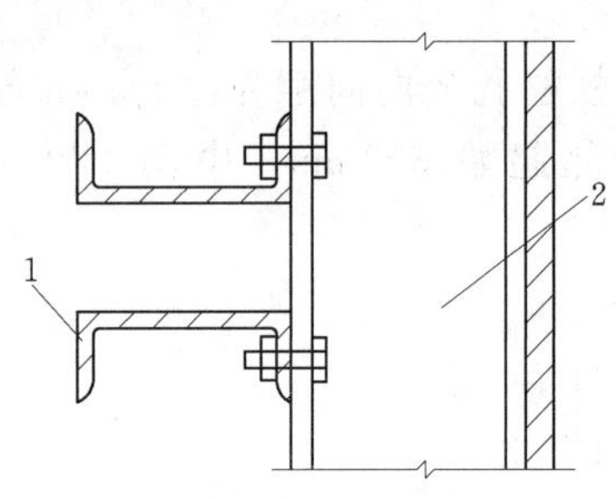

图 3.16　水平背楞与模板连接之一
1—水平背楞；2—模板竖肋

（1）水平背楞槽钢翼缘同模板竖肋及边框的角钢节点处采用安装螺栓连接。这种连接方法紧固可靠，水平背楞与模板不发生位移，但装拆费工，如图 3.16 所示。

（2）水平背楞槽钢同模板之间用铸钢垫片、拍扁螺栓或拉钩螺栓连接。这种连接方法装拆方便，螺栓不露头，但水平背楞宜产生位移现象，如图 3.17 所示。

（3）水平背楞槽钢同模板边框的角钢节点处采用安装螺栓连接，其余在竖肋处采用拍扁螺栓或拉钩螺栓连接。这种连接方法结合了上述两种连接方法的优点，水平背楞安装不位移，方便装拆。

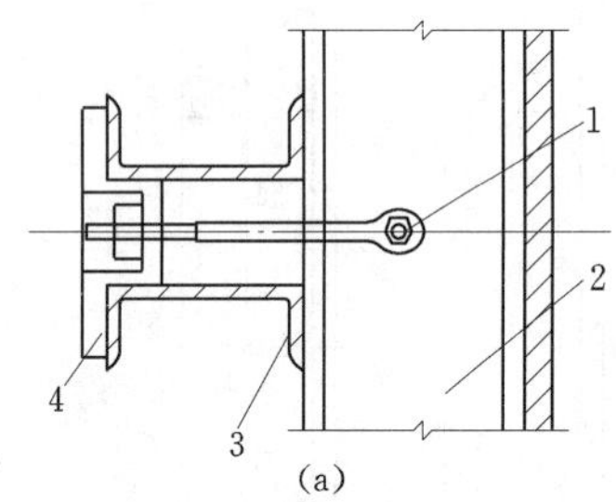

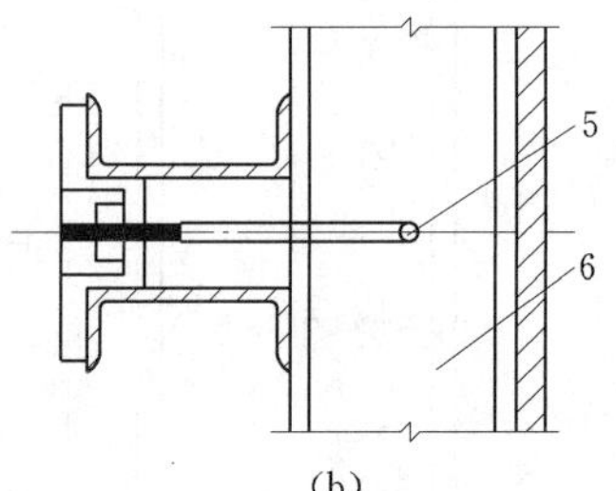

图 3.17　水平背楞与模板连接之二
(a) 拍扁螺栓连接；(b) 拉钩螺栓连接
1—拍扁螺栓；2—模板竖肋；3—水平背楞；4—铸钢垫片；
5—拉钩螺栓；6—模板竖肋

（4）模板竖肋上安装焊有螺母的 U 形钢，水平背楞垫片采用凹槽形铸钢垫片，用 M 螺栓同 U 形钢上的螺母连接，如图 3.18 所示。

6. 大模板上留洞

为了方便振捣窗台墙混凝土或便于观察振捣情况，有些工程的大模板在窗洞位置留设洞口。洞口尺寸应小于窗洞尺寸，至少要将窗口模包住。为了不影响大模板的整体刚度，洞口左右两边应设在竖肋中间（有利于洞口封闭时连接），洞口上下两边应在小肋位置或另加小肋焊接，如图 3.19 所示。

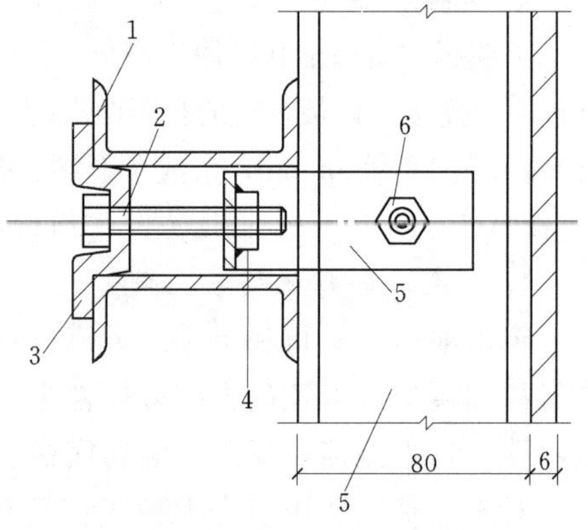

图 3.18　水平背楞与模板连接之三
1—水平槽钢；2—螺栓 M16×70；
3—铸钢垫片；4—M16 螺母同 U 形钢焊接；
5—竖肋；6—M16×70

3.2.6.4　大模板的主要配件

1. 阴角模

（1）阴角模的几种节点形式如下：

1）简易阴角模。用钢板折弯或采用∟160×160 大角钢直接与大模板搭接，用拉钩螺栓紧固，此种做法大模板易移位，易漏浆，阴角全部凹进

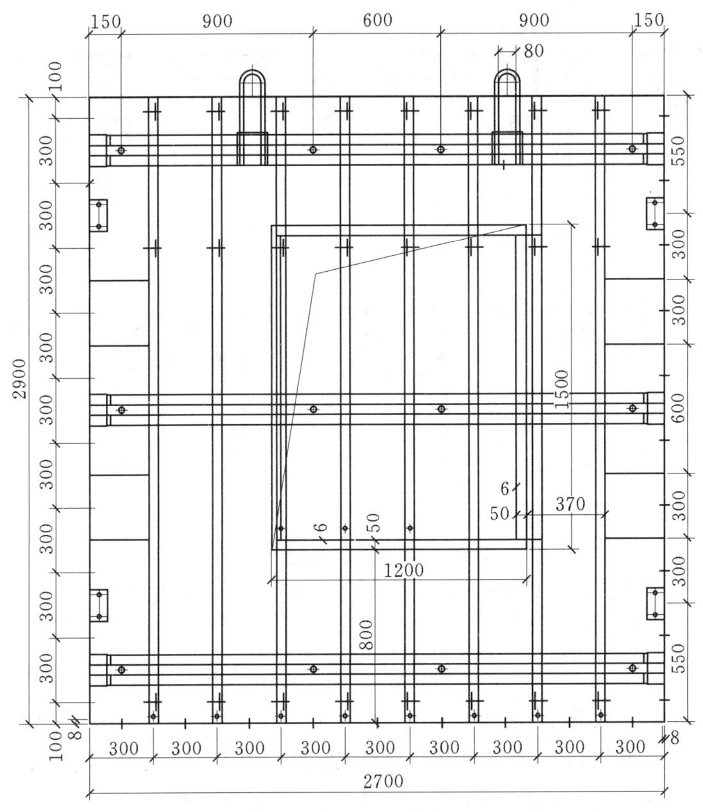

图 3.19　大模板留洞图

墙面，一个房间的四个大角均需抹灰处理，如图 3.20（a）所示。

2）固定角模、L 形调节缝。同大模板等厚的角模与大模板之间加调节缝板，调节缝板为 L 形，安装在角模上，同大模板搭接，其调节余地既为方便拆模，也为调节模板宽度、尺寸和施工偏差。调节缝可设 1～2 条，角模可同大模板一起装拆，拆模后在墙体阴角处有 1～2 条凹线，虽然凹线抹灰比大角方便，但不能达到清水混凝土要求，如图 3.20（b）所示。

3）可变角模。角模同大模板等厚，板面持平，角度可变。拆模时，卸除安装螺栓，角度收缩，大模板与角模之间产生空隙，大模板即可拆除。此种做法在角模的铰接处易渗漏水泥浆，致使可变角模难以转动，安拆比较费工，如图 3.20（c）所示。

4）柔性角模。利用钢材在弹性极限内变形和复原的特性，设计成柔性角模。其主要特点是阴角模的两个直角边除面板为整体折弯外，边框及加强肋均不相连，断开 20mm，拆模时调节正反丝扣及螺母，使角模收缩，拆开后再恢复 90°。阴角处因面板折弯而产生小圆弧，如图 3.20（d）所示。

5）企口式角模。在大模板两边安装不等边角钢∟80×50 或∟75×50，角钢短肢距大模板板面 6mm，角模的面板同角钢企口搭接，同大模板之间留有 2mm 缝隙，即角模边长实际尺寸比公称尺寸小 2mm（也可等宽不留缝隙）。角模与大模板通过拉钩螺栓和槽钢垫紧固，如图 3.20（e）所示。此种形式是目前应用最多的做法。具有安装方便，墙面平

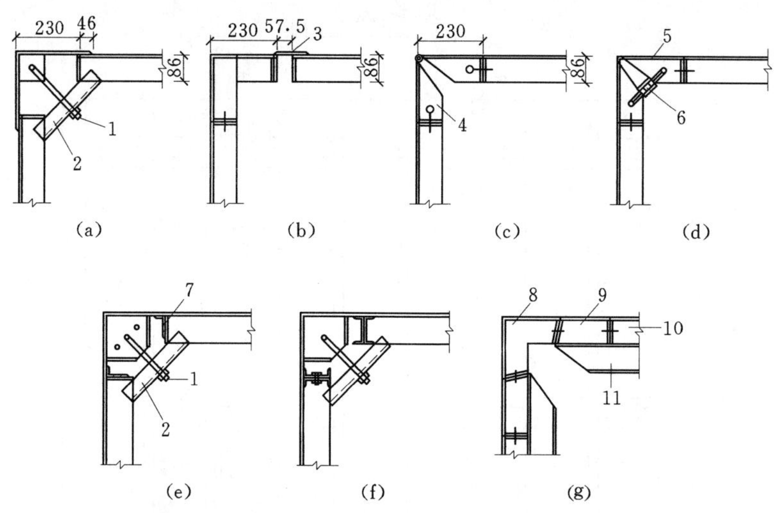

图 3.20　阴角模的几种节点形式

1—拉钩螺栓；2—铸钢垫片；3—L 形调节缝板；4—可变角模；5—柔性角钢；6—正反丝扣调节螺母；7—不等边角钢；8—斜口角模；9—角度调节模板；10—大模板；11—水平背楞

整，直角准确，角模与大模板之间可能产生 1～2mm 的间隙，在墙面上为凸线，可及时磨掉。当大模板为"子母口"形式时，在子口边加一根 8 号槽钢，此时企口式角模的一边与大模板的凹边相连，另一边同槽钢相连，如图 3.20（f）所示。

6）斜口角模。将角模两边做成斜口，角度为 60°～80°，大模板组拼时，两端配角度调节模板，与角模的斜口互补。角模和角度调节模板的斜口采用机械铣削，使角度准确，边框平直，安装后无缝隙。施工时先拆除大模板，后拆斜口角模。拆模后的墙面平整光洁，直角准确，加工成本偏高，如图 3.20（g）所示。

（2）阴角模的构造如下：

1）阴角模的面板厚度与大模板相同，厚 6mm，边框或竖肋采用－6×80，横肋采用－6，槽钢垫采用［8 槽钢，拉钩螺栓为φ16。

2）除柔性角模、简易角模面板为折弯外，其余各种角模的面板均为两块下料，直角组对。斜口角模的面板、边框下料时应留加工余量。

3）阴角模要求直角准确，板面平整无翘曲，边框平直，孔眼位置准确。

4）阴角模一般不设水平背楞，但边长 300mm 以上或工程需要可设水平背楞，同大模板以芯带、钢销连接。

5）阴角模一般不设穿墙螺栓孔，当墙体较厚、阴角规格较大、错墙节点处或丁字墙相邻两侧大模板穿墙孔间距大于 1200mm 时，可在阴角模上设置穿墙螺栓孔。

6）不等边阴角模的吊钩宜上下设置，以便颠倒使用，减少对称异型角模的投入。

2. 阳角模

（1）阳角模的几种节点形式如下：

1）小阳角模。以两块扁钢互相焊接成直角形，并加小肋加固，用以连接互成直角的

两块大模板，如图 3.21（a）所示。

2）阳角角钢。用 L80×8 等边角钢，设置与大模板相连的安装孔眼，连接互成直角的两块大模板，如图 3.21（b）所示。

以上两种做法简单，但取决于外模周转调配问题，因为这两种节点形式的内外模板错位，模板边不对齐，当外模板能在流水段周转使用时可以采用。

3）大阳角模。阳角模的边长等于外墙厚加上阴角模边长，使内外大模板相对应，模板边对齐。阳角模设直弯水平背楞，与大模板以芯带、钢销连接。这种形式是目前应用较多的一种，如图 3.21（c）所示。

4）组拼式阳角模。根据阳角模边长尺寸，采用 2～4 块平模板及一块小阳角模或阳角角钢以及直角水平背楞进行组拼连接而成，如图 3.21（d）所示。

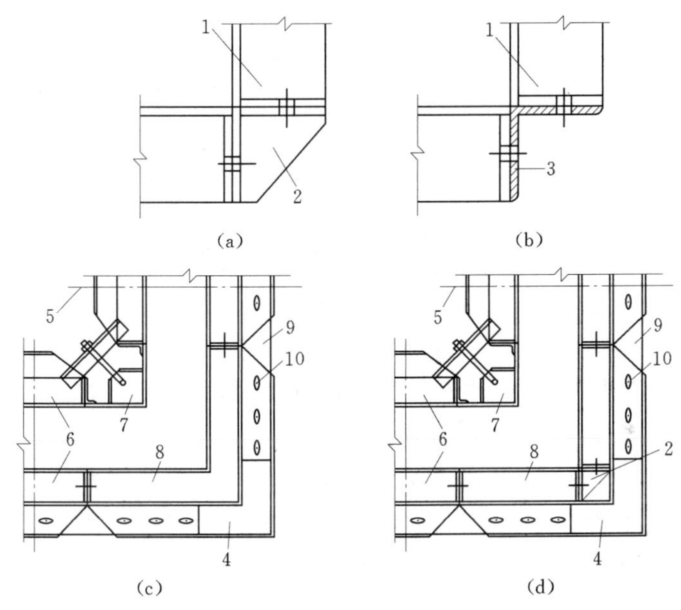

图 3.21　阳角模的几种节点形式

1—外墙大模板；2—小阳角模；3—阳角角钢；4—直弯水平背楞；5—穿墙螺栓；6—大模板；7—阴角模；8—阳角模；9—芯带；10—连接孔

（2）阳角模的构造如下：

1）阳角模的面板、边框、竖肋、横肋、背楞材料均同大模板。当采用阳角角钢时，采用 L80×8 等边角钢。

2）阳角模要求直角准确，板面平整无翘曲，边框平直，孔眼位置准确，加工时控制焊接变形。

3）组拼式阳角模的关键在于直弯水平背楞，要求下料准确，组拼时设胎模具，焊接后进行检查校对。

3. 异形角模

根据工程结构平面形状，需要特别设置的钝角模（阴、阳）、锐角模（阴、阳）、多角模、阴阳角模或圆角阴阳角模等，一般为专用模板，不通用。异形角模的边长在满足安装连接需要的基础上力求最短，以减少一次投入，如图 3.22 所示。

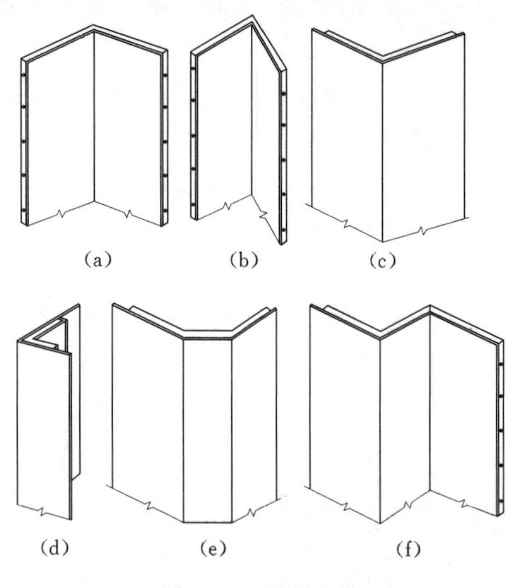

图 3.22　异形角模

(a) 钝角阳角模；(b) 锐角阳角模；(c) 钝角阴角模；(d) 钝角阴角模；(e) 多边角模；(f) 阴阳角模

4. 斜撑

(1) 斜撑的作用。斜撑用于调整、校正大模板的垂直度，确保大模板的稳定；当模板处于堆放阶段时，通过丝杠的调节，使大模板倾斜，板面与地面的夹角符合设计计算的自稳角要求。

(2) 斜撑的结构形式。

1) 固定斜撑。固定斜撑采用槽钢焊接成三角架，三角架的立面形状和安装孔距相对固定。三角架的下部槽钢上提，外端焊有调节螺母，通过丝杠调节带动三角架和大模板进行垂直和倾斜调节。丝杠底部设底座，底座可以旋转和倾斜，当支撑设在不平的楼地面时照常可调。这种固定斜撑周转使用次数较多，如图 3.23 所示。

2) 可调斜撑。斜撑的下杆和斜杆由两种不同管径的钢管组成，各自可以伸缩，角度可以调节，安装孔位可以调整，斜杆和下杆可以折叠。下杆外端设有调节丝杠、螺母和底座。这种斜撑轻便、灵活，当有不同楼面标高时，可调斜撑应用自如，如图 3.24 所示。

3) 旋转斜撑。在可调斜撑与大模板连接部位，上下各增加一组活接头，即可成为旋转斜撑。斜撑可在大模板背面水平旋转。这种斜撑主要用于狭窄房间或走道间等，当采用一般斜撑要与对面的模板或配件相碰或相交时，采用旋转斜撑可以避开障碍，而正常堆放时又可回位支撑，如图 3.25 所示。

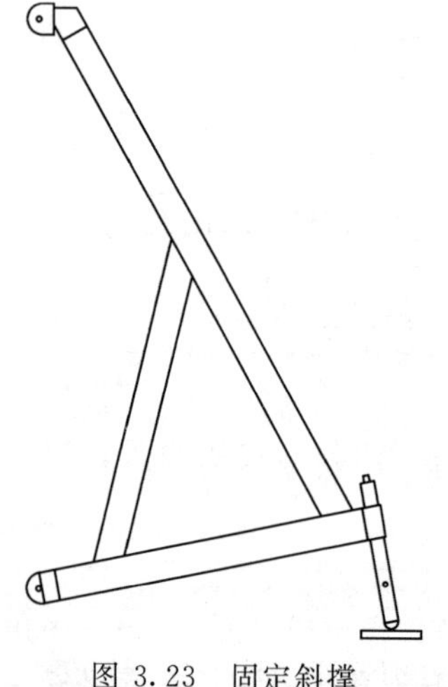

图 3.23　固定斜撑

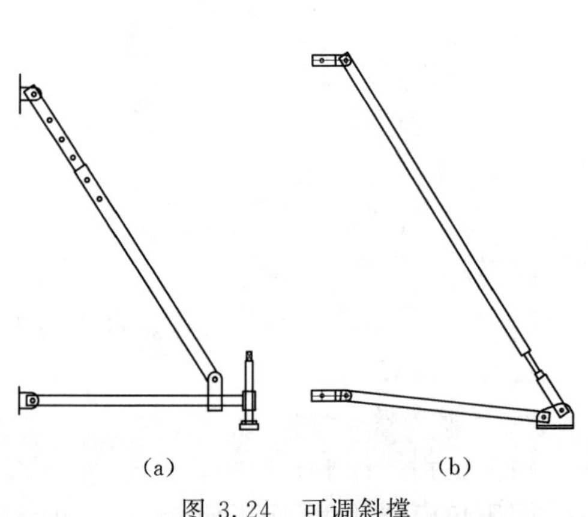

图 3.24　可调斜撑

5. 挑架

(1) 挑架的作用。大模板的挑架、栏杆、爬梯及跳板组成操作平台系统，供施工人员浇筑混凝土时用。

(2) 挑架的构造。

1) 挑架采用 ϕ48×3.5mm 钢管作水平杆、立杆及斜杆，2 块 U 形连接板采用－6 垫板冲压成型，同大模板竖肋连接。

2) 栏杆立柱可同挑架连体加工，如图 3.26 (a) 所示，也可以做成装配式的，如图 3.26 (b) 所示，在两组操作平台相近不需要栏杆的地方，可临时卸除立柱。栏杆水平杆一般采用现场的脚手架钢管扣接。

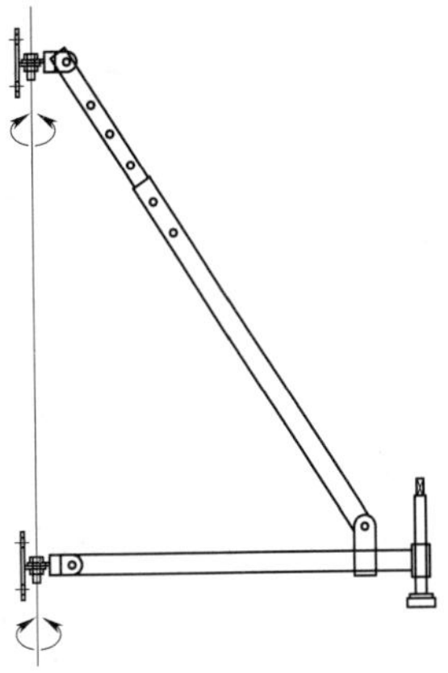

图 3.25 水平旋转斜撑

3) 爬梯采用 ϕ48×3.5mm 钢管做立杆、ϕ33.5×2.5mm 钢管做踏步，爬梯立杆上部同挑架端部相连，下部折弯同大模板竖肋安装孔相连。一般工程按每个房间配一个爬梯、外墙面每面配一个爬梯考虑，以供操作人员上下，如图 3.27 所示。

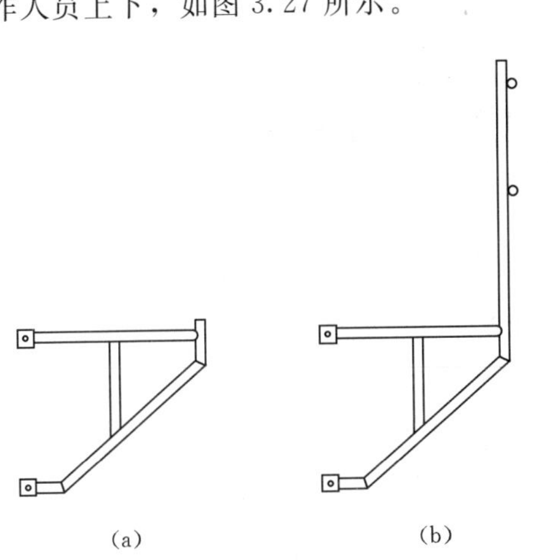

(a)　(b)

图 3.26 挑架

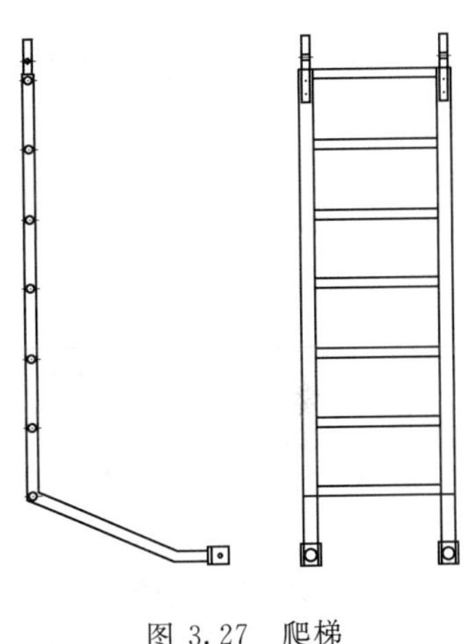

图 3.27 爬梯

6. 螺栓

(1) 锥形穿墙螺栓。

1) 构造：锥形穿墙螺栓一端为 M30×3.5 (粗牙普通螺栓) 或 T30 × 6 (梯形螺纹)，丝扣长 150mm，配 M30 (或 T30) 加厚螺母 (对边宽 S=46mm) 2 个；另一端为 ϕ26、开 2 个 8mm×45mm 长槽 (中心旋转 90°)，长槽内插入钢楔一块，在穿过墙体的混凝土的螺栓中加工成锥形，一端为 ϕ30，另一端为 ϕ26，以利脱模。在 M30 大头端部，设四方头或六角头，用于螺栓转动。穿墙螺栓两头共配 10mm 厚钢板垫片 2 块，如图 3.28 所示。

2) 特点：锥形穿墙螺栓抗拉能力强，施工安装方便，适应墙体厚度 150～300mm (超过 300mm，螺栓相应加长)，不需要配塑料套管。当混凝土达到拆模强度时，先松动螺母、拆除钢楔，扳动四方头 (或六方头) 使螺栓锥体部分与混凝土脱开，然后从小头轻轻敲打，螺栓即可拆除。在北京地区大模板采用锥形螺栓的情况比较普遍。

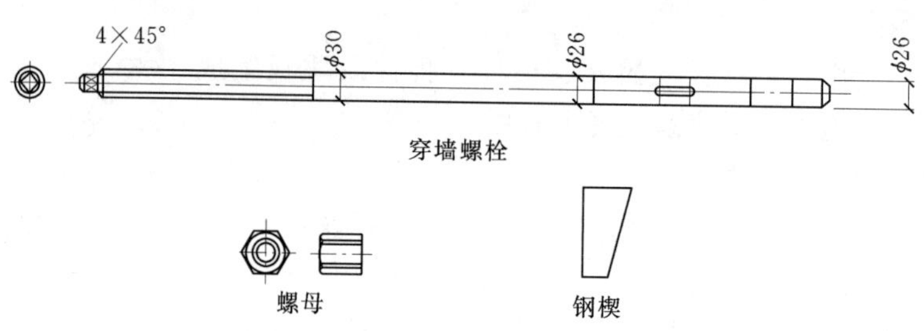

图 3.28　锥形穿墙螺栓

（2）冷挤压满丝扣螺栓。

1）构造：这种螺栓采用圆钢经机械冷挤压加工成型，螺栓通长为满丝扣。常用规格有 T20×6、T18×6、T16×6。每套螺栓配铸铁螺母和铸钢垫片各 2 件，与墙体厚度等长的硬质塑料套管 1 根，如图 3.29 所示。

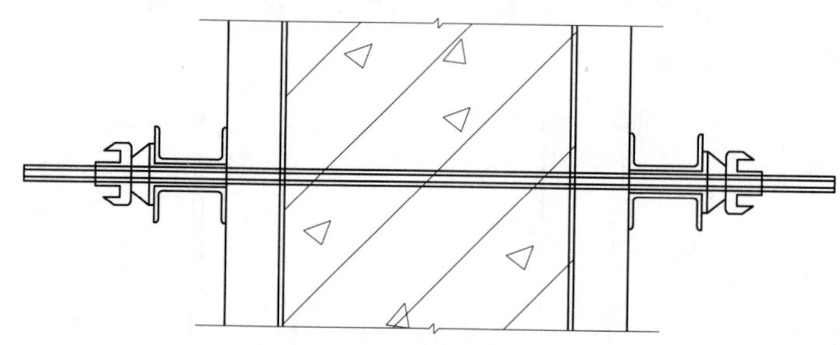

图 3.29　冷挤压满丝扣螺栓

2）特点：经冷挤压后的抗压强度增大，通长满丝扣公差配合准确，螺栓互换性、通用性强。穿入混凝土墙体部分必须用塑料套管保护。适用于墙体厚度变化较大的工程使用。国外普遍采用这种类似的螺栓，国内除大模板应用外，木模板、液压爬模等都有应用。

（3）防水穿墙螺栓。

1）构造：防水穿墙螺栓由 3 节 $\phi16$～$\phi20$ 螺栓组成，中间一节焊有－6×60×60 止水片，长度较墙体厚度短 50mm，两端各有 25mm 长的丝扣。体外的 2 节，靠内侧各有 25mm 长的丝扣，用 2 个锥形接头将 3 节螺栓连成整体，体外的 2 节外侧各有 100mm 长丝扣，以铸钢螺母和铸钢垫片将内外模板连接稳固。体外两节螺栓的最外端设方头，以利

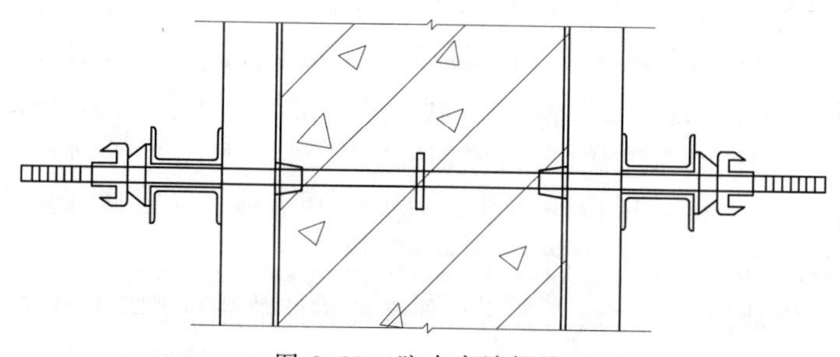

图 3.30　防水穿墙螺栓

于螺栓拆除，如图 3.30 所示。

2）特点：防水穿墙螺栓用于地下室外墙、采光井墙等防水结构，当混凝土达到拆模强度后，首先拆除体外两节螺栓的螺母、垫片，用扳手扳动体外螺栓，使其脱开锥形接头。拆除内外模板后，用套筒扳手转动锥形接头六方头，利用螺纹反作用力，将锥形接头及时拆除。此时，中间的一节螺栓永远埋入混凝土中，体外的两节周转螺栓和锥形接头继续周转到下一流水段使用。

（4）沉降缝位置穿墙螺栓。

1）连接方法。沉降缝位置的两道外墙，一道先施工，大模板及穿墙螺栓按正常做法。第二道墙的外模在狭窄缝中，同内模之间的连接必须特殊处理。其做法是：设置沉降缝专用外模板，在该模板背面穿墙孔位置，焊接一螺母（外径 ϕ50、长 50mm、螺栓孔 M24），当内模板校正垂直后，从内墙模板背面墙穿入螺栓（大头 M30，小头 M24），先拧入外墙一侧所焊的螺母中，再在内模背面加垫片，拧紧螺母。拆除时，先拆内模螺母、垫片，再利用螺栓内端的方头拧动螺栓使其退出与外模相连的螺母直至取出，最后拆除内外模，如图 3.31 所示。

2）沉降缝中的外模就位，利用下层墙已有的穿墙螺栓孔插入粗钢筋或加长穿墙螺栓，沉降缝外模相应加长，坐落在粗钢筋或加长穿墙螺栓上。

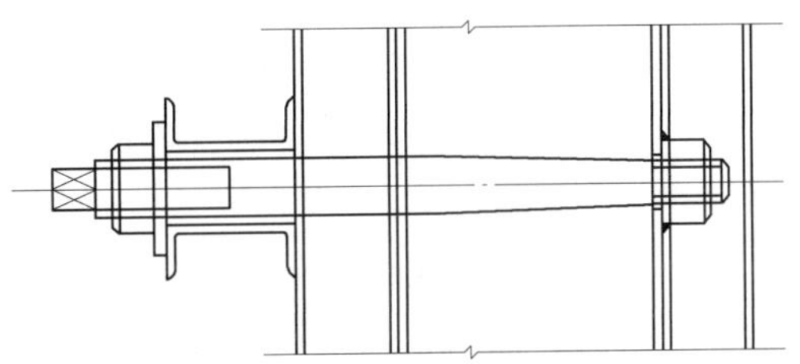

图 3.31　沉降缝位置穿墙螺栓

（5）穿墙螺栓的配置。

1）锥形穿墙螺栓、冷挤压满丝扣螺栓。大模板螺栓配置数量（套）＝所配大模板穿墙螺栓孔总数÷2×1.05。

（注：1 套包括 1 根螺栓、1 个螺母、2 块垫片、1 块钢楔，损耗量 5%。）

2）防水穿墙螺栓。

带止水片的埋入螺栓配置数量（件）＝外墙所配（内外）大模板穿墙螺栓孔总数÷2×地下室外墙模板周转使用次数＝地下室外墙面积÷单根螺栓平均分布面积

周转使用螺栓配置数量（套）＝外墙所配（内外）大模板穿墙螺栓孔总数÷2×1.1

（注：1 套包括 2 根螺栓、2 个螺母、2 块垫片、2 个锥形接头，损耗量 10%。）

3）沉降缝位置大模板穿墙螺栓。

沉降缝位置大模板穿墙螺栓配置数量＝沉降缝位置外模板孔眼数量×1.1

（注：1 套包括 1 根螺栓、1 个螺母、1 块垫片，损耗量 10%。）

3.2.6.5　外挂架

1. 外挂架的作用

外挂架是外墙大模板的支撑架，也是外模安装拆除和外墙施工时操作人员的脚手架、安全防护架和施工操作平台。

2. 外挂架的构造

外挂架有全部采用角钢或槽钢的，它们不易与脚手架钢管直接连接。因此多数外挂架以 $\phi48\times3.5$ 钢管作水平杆、立杆和斜杆，以双槽钢作竖背楞，如图 3.31 所示。背楞上设安孔、安装挂钩，挂钩采用－10钢板焊接而成，由于楼面标高与挂钩中心根据工程不同会有变化，因此挂钩采用螺栓连接有利于中心距调整。竖背楞底部设支承座，紧贴于外墙面。外挂架之间的连接和上部栏杆均采用脚手架钢管和扣件连接。外挂架竖背楞内侧与下包模相连，下包模紧贴于外墙面。当外挂架出现外侧下倾，下包模与外墙面之间有缝隙时，可用木楔楔紧下部支承座调整。楼梯间支模架同外挂架相似，仅尺寸较小，挂钩及挂钩螺栓等配件完全相同，如图3.32所示。

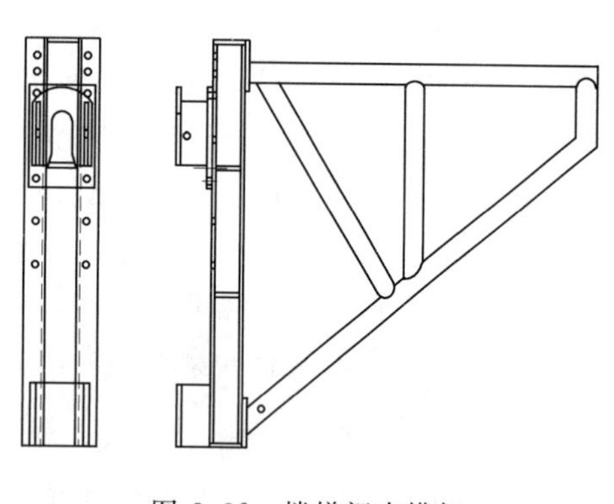

图3.32　楼梯间支模架

3. 外挂架的安装

（1）当首层墙体施工完，外墙模板拆除后，先在该层外墙上部设计指定的穿墙螺栓孔内安装挂钩螺栓，在外墙内侧加槽钢和双螺母紧固。挂钩螺栓的钩头做成圆盘形，防止一般直钩钩头易朝下的情况发生。挂钩上设置了安全销，防止意外脱钩现象。

（2）根据外挂架和下包模平面布置图，将外挂架分为若干段进行组装。外挂架竖背楞上部内侧同相应的下包模进行组装，外挂架水平杆之间、斜杆下部之间均以脚手架钢管连成整体。水平杆上部铺设木跳板，并用铁丝同钢管绑扎紧固。

（3）用塔吊起吊组装的外挂架进行就位，挂钩插入墙体上的钩头中。

（4）搭设护栏钢管架，挂设安全网。当施工需要在挂架下部连接吊架时，护栏和安全网从上到下连成整体，吊架下部设防坠网。

（5）以后每层装拆即为安装好的外挂架整段装拆吊运。

3.2.7　电梯井筒模

3.2.7.1　电梯井筒模的几种形式

1. 可变角模、十字对撑伸缩、平模折弯

角模交点做成铰链，角度可以调节；角模边框与面板垂直焊接，同平模螺栓连接。每面平模分为两节，中间用“合页”型反角模相连，水平背楞安装在其中一半的平模背面，且呈顺时针方向布置。面对面的背楞之间安装可调支撑，作互相收缩、回位和对撑，筒模高度范围设三道对撑。筒模与筒壁外模的穿墙螺栓孔眼相对应，如图3.33所示。

优点：模板收缩量大，起吊方便。

缺点：铰链中易渗透水泥浆，不易清理，造成铰链堵塞，转动困难，最终筒模变成折线，难以规方。

2. 可变角模、中轴联动十字对撑伸缩、角模平模节点折弯

角模交点与平模节点均设铰链，即一个角模三个铰。四块平模之间的拉杆螺栓与中心竖轴连在一起，形成两道十字撑，当模板起吊到电梯井平台上后，调整拉杆螺栓正反丝扣螺母，使模板就位；拆除时，先调整正反丝扣螺母，收缩模板，使其脱离混凝土30mm，随后吊起模板周转或落地堆放，如图3.34所示。

优点：模板收缩回位方便可靠。

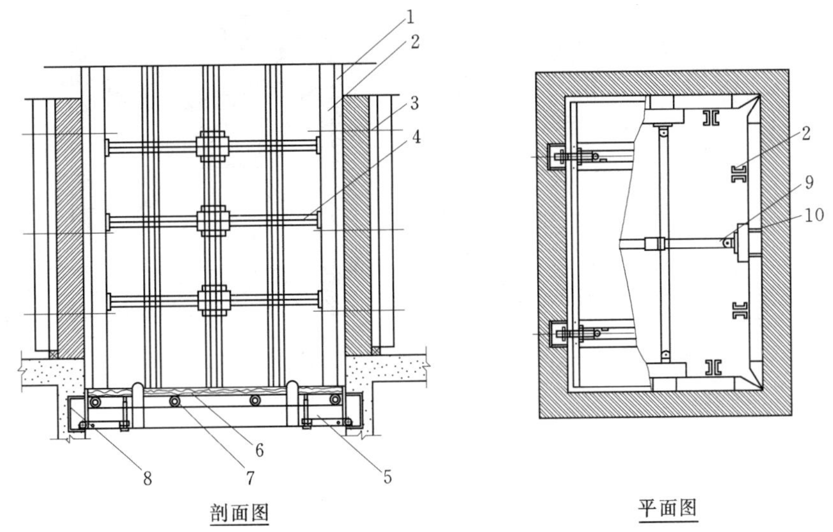

图 3.33　电梯井筒模之一

1—大钢模板；2—槽钢背楞；3—穿墙螺栓；4—模板对撑；5—平台钢架；6—50mm 木板；7—连接钢管；8—预埋盒子；9—对撑；10—大钢模板

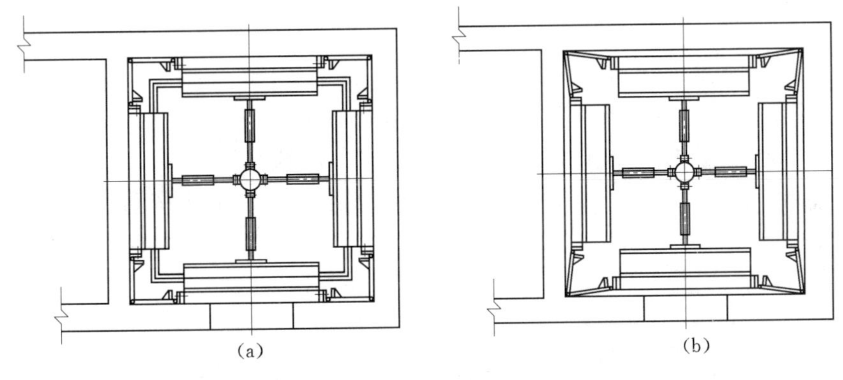

图 3.34　电梯井筒模之二

(a) 支模状态；(b) 拆模状态

缺点：铰链多，易被水泥浆渗透堵塞，平模之间易出现互不平行，角模不成直角现象。

3. 固定角模、中轴联动八字撑伸缩、角模平模错动

四块固定角模与四块平模之间企口连接，模板表面无缝隙，四脚方正，每块平模的八字形支撑交汇于中轴，中轴丝杠调整，联动八字撑收缩或回位，平模收缩后，角模与平模之间的调节缝相应缩小，角模与平模错动收缩，如图 3.35 所示。

优点：模板组拼后无缝隙，四角方正，表面平整，整体刚度好，是电梯井筒模中效果较好的一种。

缺点：加工、组拼较复杂。

4. 固定角模与平模均同内框丝杠连接、丝杠伸缩

在筒模之间设固定内框，内框每边各设 2 个螺母、丝杠，同该边平模相连；内框每个

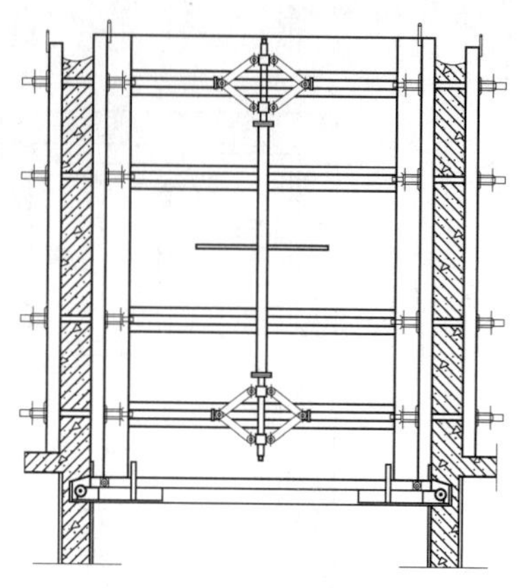
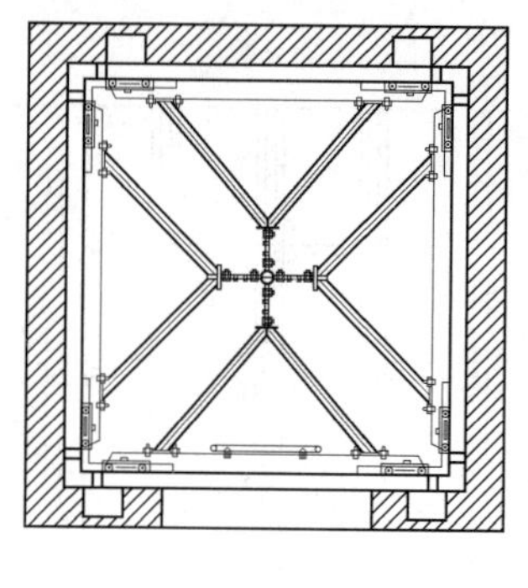

图 3.35 电梯井筒模之三

角各设1个螺母、丝杠，同该角角模相连。拆模时，先调整、收缩平模丝杠，使每个平模内收20mm以上，然后调整收缩角模丝杠，使其收缩10mm。平模与角模采取企口连接。内框位置可错开水平背楞标高设置，也可在同一标高设置，但应避免穿墙螺栓与丝杠相碰，如图3.36所示。

优点：筒模组装无缝隙，板面平整，直角方正，伸缩构造简单可靠，电梯井筒内操作空间大。

缺点：丝杠螺母机加工件多。

5. 固定角模和平模按小房间一样配模、组装和施工

不设伸缩装置，但可加水平钢支撑或方木对撑，如图3.37所示。

优点：构造简单，投资少，适合于各类电梯井或连体双井以及塔吊起重量小的情况使用。

缺点：模板分4次或2次吊运，增加塔吊吊次。

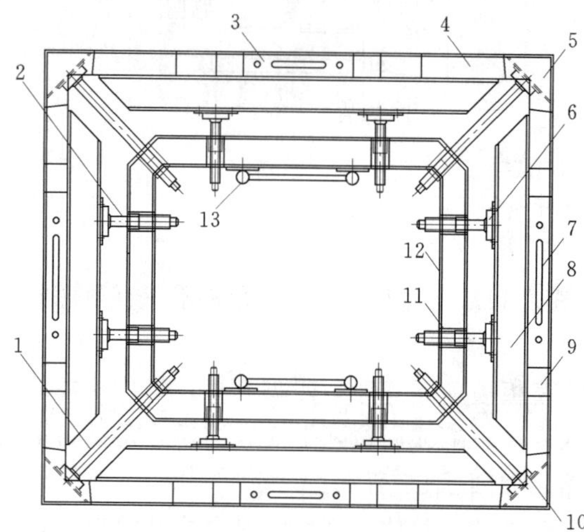

图 3.36 电梯井筒模之四

1—丝杠A；2—丝杠B；3—通用组合模板；4—角度调节模板；5—异型阴角模；6—底座ϕ98；7—吊钩；8—背楞；9—通用组合模板；10—底座；11—螺母；12—筒模支架；13—筒模立撑（兼爬梯）

3.2.7.2 电梯井平台

1. 平台构造

电梯井平台由2组钢梁、4套杠杆、滑轮、丝杠及平台钢搁栅、平台板组成。每组钢梁由2根［12槽钢焊接而成，槽钢上设孔眼与［8槽钢搁栅螺栓连接，上铺50mm厚木板，也可将槽钢搁栅和钢板焊接成平台板，直接同钢梁连接。无论采用钢平台或木平台，每边距墙30mm。钢梁两端安装杠杆，杠杆外端安装滑轮，内端安放调平丝杠。每组钢梁上焊有2个吊钩，如图3.38所示。

2. 平台的上升

电梯井平台由塔吊进行吊装，逐层上

升。上升时平台钢梁的 4 个丝杠受压向下，滑轮与墙壁滚动摩擦，当达到上层安装位置时，4 个杠杆自动伸出坐落到预留洞口内。平台的水平度通过调节丝杠调节。

3. 电梯井筒模设计要点

(1) 筒模高度。筒模下部应包住本层楼面标高以下 200mm，上部应同上层楼面标高等同或高于上层楼面标高 50mm。

(2) 筒模之间、筒模与电梯井外模之间的穿墙螺栓孔必须互相对应。由于筒模内空间小，穿墙螺栓应避开伸缩装置，防止相碰。

(3) 筒模平模的收缩量不小于 20mm（模板面至墙面距离），可变角模的收缩量不小于 10mm（角模面至墙面）。

(4) 当筒模总重量超过施工现场塔吊实际起重量时，应采取调整角模伸缩装置的方案或采取分块吊装方案。

4. 预留洞的位置

(1) 平面位置。钢梁中心线宜平行于电梯门洞，避免在门洞口附近设预留洞，因门洞附近钢筋密，预埋、管线较多。预留洞宽 150mm，深 100mm，当隔墙两侧均设洞时，可留通洞。钢梁中心线距墙一般为 300～500mm，如图 3.39 所示。

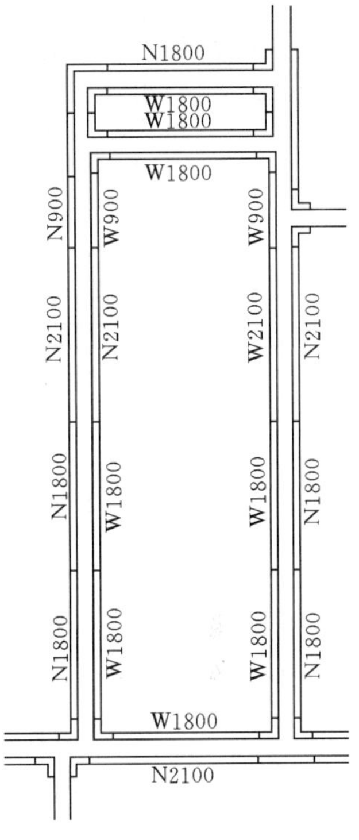

图 3.37　电梯井筒模之五

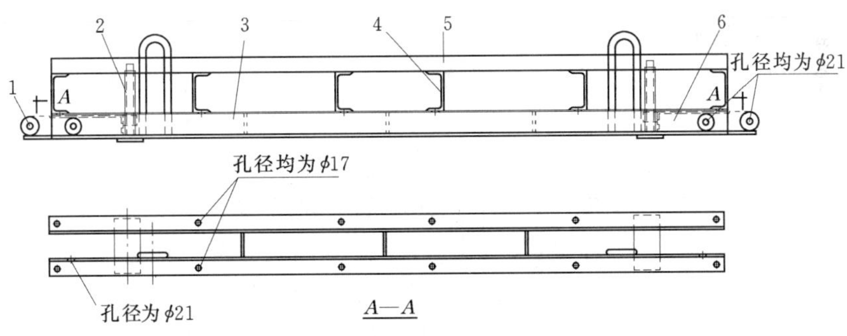

图 3.38　电梯井平台

1—滑轮；2—调平丝杠；3—钢架；4—连接槽钢；5—50mm 厚平台板；6—杠杆

(2) 竖向位置。洞口底面标高＝楼面标高－模板下包 200mm－调节余地 30mm－平台木板厚 50mm－槽钢搁栅 80mm－钢梁 120mm－洞口高 150mm。

3.2.8　门窗洞口模板

3.2.8.1　几种洞口模板形式

1. 木模板、角钢夹具

(1) 以 50mm 厚木板或以 12mm 厚竹胶板和 50mm×100mm 木方为模板四角用角钢夹具紧固。夹具外角采用∟125×12 等边角钢，内角采用∟75×6 角钢斜焊一块一10mm

×80mm×80mm 的钢板，内外角钢长度均等于门窗洞口墙体厚度（负公差）。外角钢中间焊 1～2 根 $\phi16$ 螺栓，内角钢及钢板中间设 $\phi18$ 孔，内外角钢之间以螺栓紧固。夹具外角钢与木板搭接处开 12mm 深企口，使外侧平齐，如图 3.40 所示。

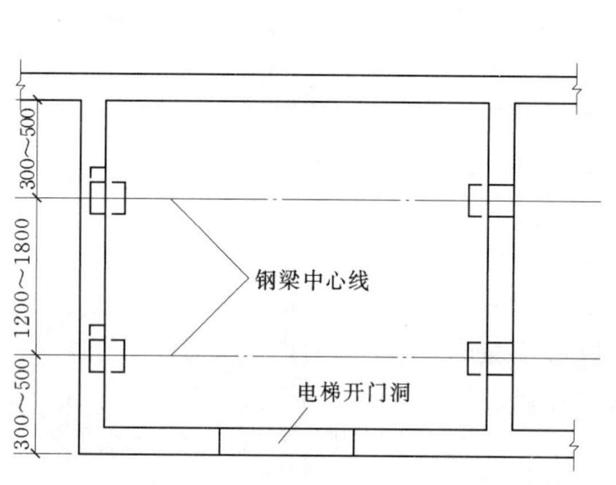

图 3.39　电梯井预留洞示意图

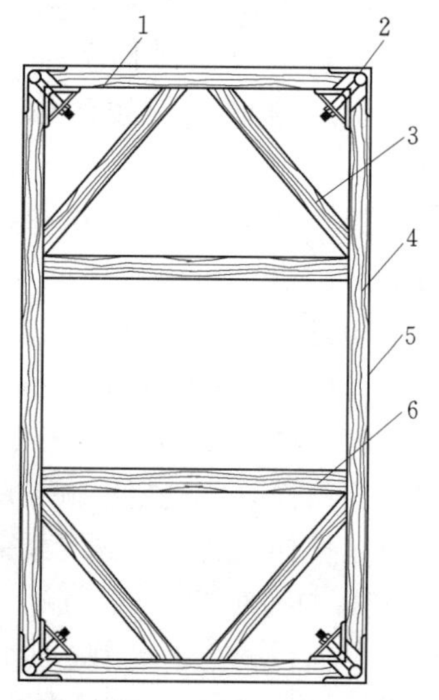

图 3.40　木模板角钢夹具

1—50mm×100mm 厚枋；2—角钢夹具；3—斜撑（枋）；4—立撑（枋）；5—12mm 厚胶合板；6—水平撑（枋）

（2）窗洞口下底模钻 $\phi16$～$\phi20$ 孔眼 2～4 个，作为混凝土振捣时的排气孔。当窗洞较宽，大模板上已开设洞口时，相应的门窗口下底模设振捣洞。门窗洞口木模板根据洞口宽度和高度设置必要的木方支撑、平撑和斜撑。

（3）洞口木（竹）模板一次投资相对较少，适合整装整拆，用于模板周转使用次数较少的工程。

2. 钢模板阴角斜口连接

（1）门、窗、门连窗三种洞口模板，均由侧模、顶模、底模、角模、可调斜撑及可调支撑组成，如图 3.41 所示。

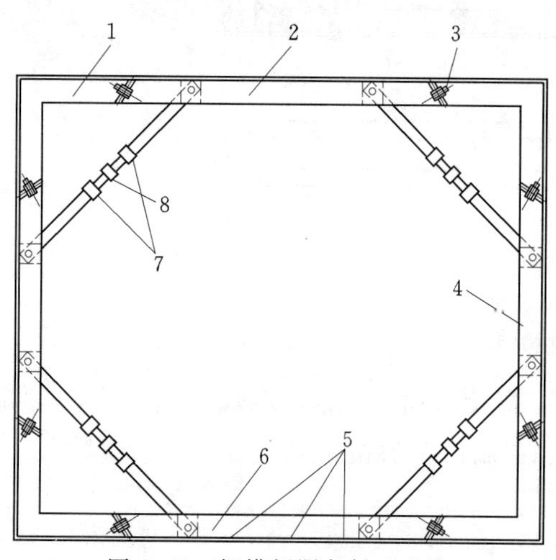

图 3.41　钢模板阴角斜口连接

1—角模；2—上边框；3—连接螺栓；4—侧边框；5—排气孔；6—下边框；7—正反丝扣螺母；8—正反丝扣螺栓

（2）钢模板厚度为 60mm，面板及边框厚度 5mm，模板宽度、长度根据工程具体情况配置。由于门窗洞口宽度均按模数确定，所以门洞、窗洞顶模板可以互相通用。

（3）窗洞底模上设 $\phi20$ 排气孔 2 个。角模边长为 200mm×200mm，与平模连接处加工成 45°斜面，斜面上设 17mm×37mm 长孔，当连接螺栓松开，即可用可调斜撑进行脱模，

长孔留有 20mm 伸缩余地，可满足脱模要求。

(4) 门洞侧模之间设横向可调支撑。当窗洞跨度不小于 1800mm 时窗洞顶模与底模之间增设竖向可调支撑。

(5) 洞口斜口钢模板可以整装整拆，也可散装散拆，伸缩调节方便，顶模板、角模、斜撑、支撑通用性强，但对加工精度要求高，如果斜边的角度不准确，可影响组拼后的质量，例如角模和平模组装后不成直线等。

3. 钢模板，阴角企口连接

(1) 洞口钢模板由侧模、顶模、底模、角模和可调机构组成，如图 3.42 所示。

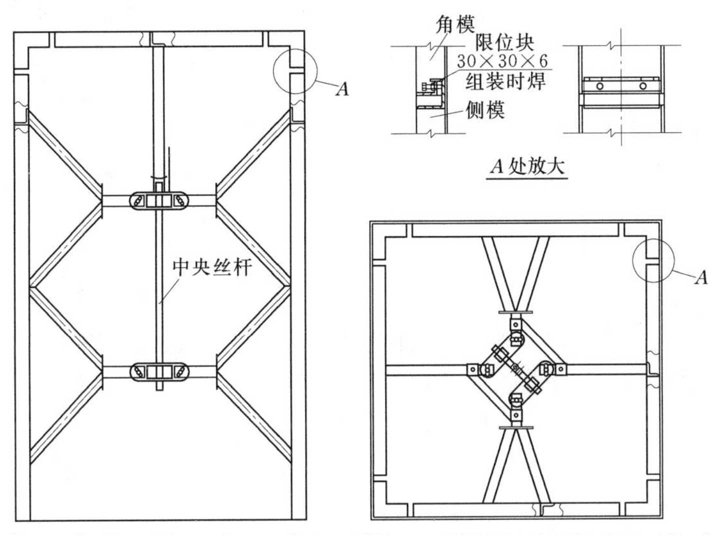

图 3.42 钢模板阴角企口连接

(2) 模板由厚度为 6mm 的钢板作为面板与边框焊接而成，平模与角模之间留有调节余地，互相企口连接，并设有螺栓，在调节时松动，在定位时紧固。调整机构由带有正反丝扣的中轴、带有螺母和对称斜孔的拉杆以及八字形支承杆组成，当调节中轴时，拉杆位移，带动支承杆调节。

(3) 采用企口连接的洞口钢模板，采用整装整拆方式施工，外形尺寸和直角控制准确，伸缩调节方便，是目前应用较好的一种洞口模板，加工较复杂，对加工精度要求高。

3.2.8.2 洞口模板设计要点

(1) 洞口尺寸。以建筑施工图门窗表洞口尺寸为准，其中门洞口高度应另加建筑与结构标高之差数。例如：门洞高 2200mm，标准层建筑标高与结构标高差 50mm，门洞口侧模高度＝2200＋50＝2250 (mm)。首层建筑标高与结构标高差 130mm，则将标准层门洞侧模底部另加∟80×8 角钢接高，到标准层时拆除。

(2) 模板宽度。对于木模板及其角钢夹具应比墙厚小 2mm，这是由于木模板吸水后膨胀；对于钢模板，其宽度应等于结构墙厚，加工允许误差±1mm。当墙体变截面时，侧模以结构上部最小墙厚作为洞口模板厚度，在结构下部采用组合调节方法加

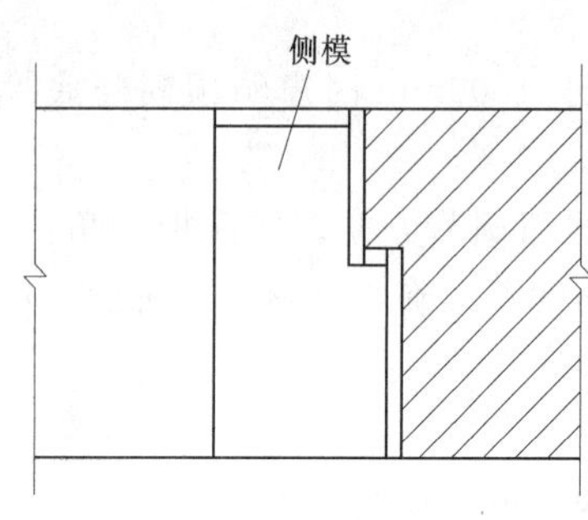

图 3.43　门窗洞口错台模板

宽，例如：某工程 30 层高，每 10 层变一次截面，墙厚依次为 300mm、250mm、200mm，则洞口模板宽按 200mm 加工，两侧各加 50mm 宽调节模板，施工到达变截面楼层时，相应拆除调节模板。当工程设计为外保温时，则洞口模板宽度应另加保温层厚度。

(3) 当外墙的内外侧一侧抹灰，另一侧不抹灰，门窗洞口需要做成错台时，则洞口模板按工程要求进行特殊设计和加工制作，如图 3.43 所示。

(4) 当工程外墙不抹灰，滴水线要求在外墙混凝土浇筑时直接形成，则外墙窗洞模板的顶模上用 8mm×8mm (10mm) 梯形塑料条黏结，或用同规格钢条焊接或沉头螺栓连接。

(5) 门窗洞口模应有防止外形变形（例如两侧向内膨胀，整体倾斜成菱形等）的措施，设置必要的斜撑、立撑、水平撑或八字撑。洞口模板的伸缩调节余地每边宜有 20mm。

3.2.8.3 其他配件

1. 芯带与钢销

芯带与钢销用于大模板水平背楞之间的连接，是两块模板之间除用螺栓连接之外的一种增强措施，主要作用是防止模板在连接处折弯变形。

芯带长度有 $L=700$mm、$L=1100$mm 两种。$L=700$mm 用于大模板之间或大模板与阳角模连接；$L=1100$mm 两种用于两块大模板之间夹一块 600mm 宽以下模板连接（例如：在丁字墙部位的外模）。

芯带由 2 块同规格等长，90mm 宽 6mm 厚钢板及若干肋板焊接而成，如图 3.44 所示，芯带上每隔 100m 设一个 18mm×45mm 长孔，对齐水平背楞上的长孔，以 18mm×48mm、$L=250$mm 铸钢销楔紧，如图 3.45 所示。

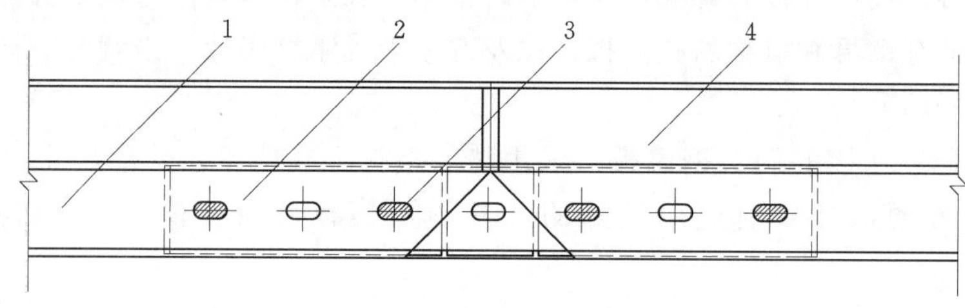

图 3.44　芯带

1—背楞；2—芯带；3—铸钢钢销；4—墙体模板

2. 拼缝校正板

在大模板拼缝处，由于连接孔眼中心偏差、孔径与螺栓直径之差以及组拼式大模板拉接螺栓与水平背楞之间的松紧差，都可使两块大模板之间在拼缝处出现错台现象，为了控制和消除错台，提高模板安装的平整度，可在边框内侧焊接两组角钢，用拼缝校正板与之连接，并以顶紧螺栓校正，如图 3.46 所示。

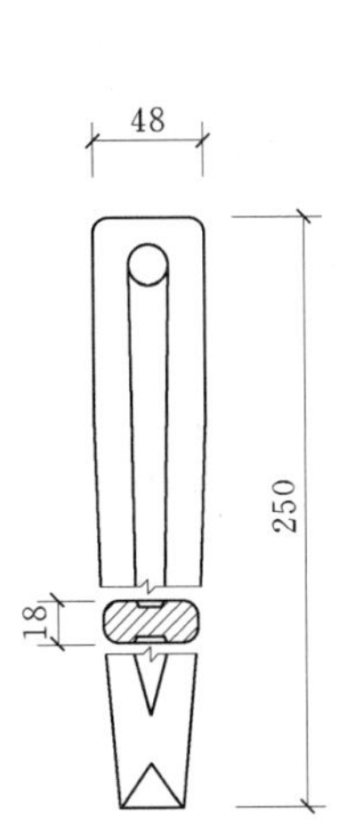

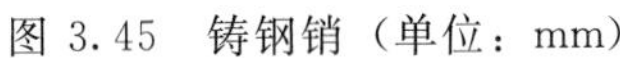

图 3.45 铸钢销（单位：mm）

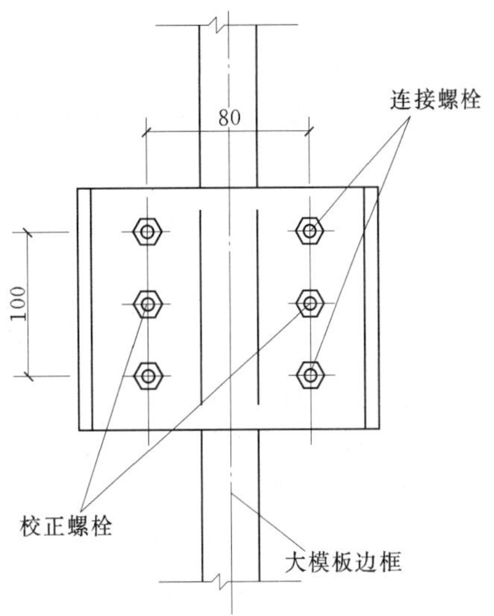

图 3.46 拼缝校正板

3. 吊钩

安装大模板的吊钩有以下两种做法：

(1) 用 $\phi20$ 圆钢直接焊接于大模板的竖肋或水平槽钢上，如图 3.47 (a)、(b) 所示。

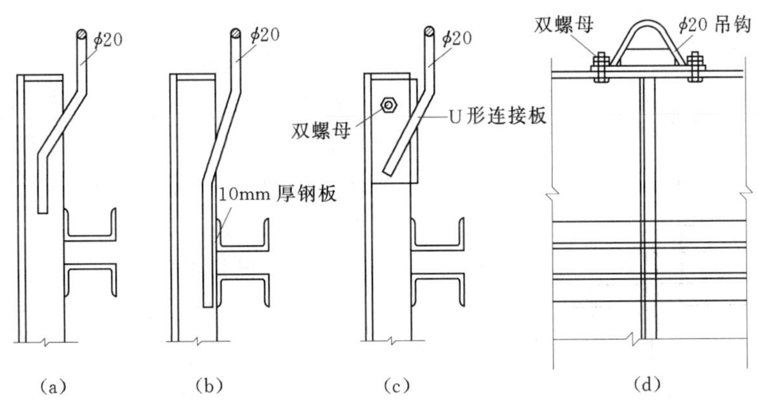

图 3.47 吊钩做法

(2) 吊钩配件用螺栓安装于大模板的竖肋或边框上，如图 3.47 (c)、(d) 所示。

上述两种做法相比而言，第 (1) 种构造简单，但灵活性差，吊起时易出现模板面向前倾斜，影响定位；吊钩做成配件采用螺栓安装的方法，可调节吊点位置。当吊钩安装在模板上口时，起吊时板面比较垂直，且吊钩位置通用性好。当大模板上口接高时，吊钩可移至接高模板上口。

4. 工具箱

(1) 工具箱是存放穿墙螺栓、螺母、垫片、钢楔等周转性零配件的地方，对于文明施工、防止零配件丢失或坠落有一定的作用，如图 3.48 所示。

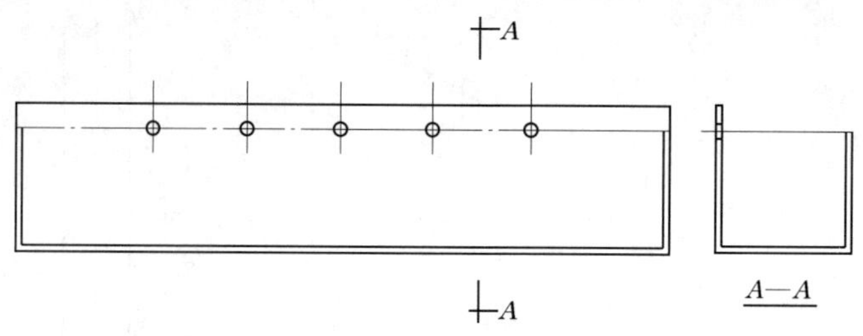

图 3.48 工具箱

（2）工具箱的长度应比穿墙螺栓略长，一般为 1000～1100mm，安装高度离地 800～900mm，大小以满足储存一块大模零配件的容量为准。

（3）工具箱底部应设有排水孔，防止下雨时积水。

（4）工具箱安放在大模板中部竖肋槽钢上。

3.2.9 大模板特殊部位处理

3.2.9.1 外墙模板水平缝

1. 装饰线做法一

内外模等高，模板边模采用下包模，下包模上部设 110mm×6mm 装饰线。外模下半部分，坐落在下包模上，两者之间用 M16×40 螺栓连接定位，高于下包模上口的 10mm，挡住外模下缝。拆模后混凝土无接缝错台，装饰线整齐美观，但多了一条楼板与下层墙之间的水平缝，如图 3.49 所示。

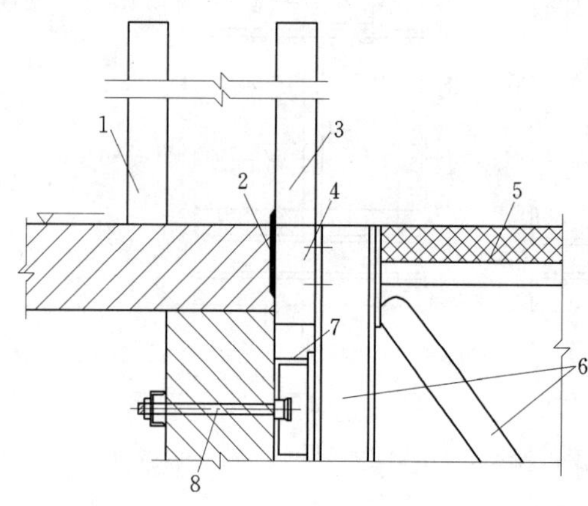

图 3.49 装饰线做法一

1—内模；2—装饰线；3—外模；4—下包模；5—平台板；6—外挂架；7—挂钩；8—钩头螺栓

2. 装饰线做法二

外模高度等于层高，内模低 100mm，外模上部设 110mm×6mm 装饰线，墙顶混凝土浇筑成刀把形，以此作为楼板边模。外模底部接∟80×8 角钢，突出大模板面 6mm，贴紧混凝土上已形成的凹线，防止上层墙漏浆，同样看不出接缝，装饰线整齐，如图 3.50 所示。

3. 装饰线做法三

外模高度等于层高，内模低 100mm，外模上部设 110mm×6mm 装饰线，墙顶混凝土浇筑成刀把形，形成 6mm 凹线，安装下包模，下包模上部设 70mm× 6mm 装饰线，卡在已浇筑混凝土凹线内，防止漏浆和错台，确保外墙整洁、平齐，如图 3.51 所示。

4. 不设装饰线

内外模等高，模板边模采用下包模，下包模不设装饰线。楼板混凝土浇筑完成后，外模坐落到下包模上，两者之间加海绵条堵缝，用 M16×40 螺栓连接定位。拆模后出现 2 条水平缝，用于砂轮磨平。此种做法用于设计要求不留装饰凹线的工程。为确保下包模贴

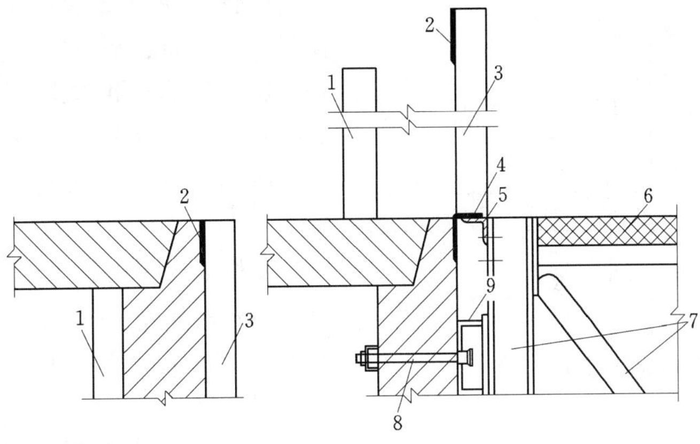

图 3.50　装饰线做法二

1—内模；2—装饰线；3—外模；4—装饰线角钢；5—外挂架连接角钢；
6—平台板；7—外挂架；8—钩头螺栓；9—挂钩

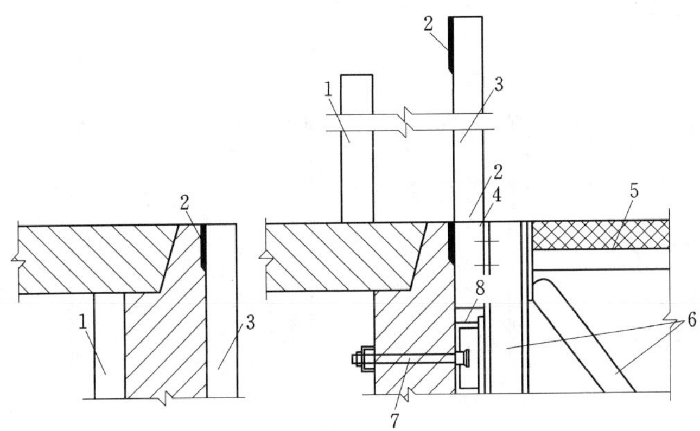

图 3.51　装饰线做法三

1—内模；2—装饰线；3—外模；4—下包模；5—平台板；
6—外挂架；7—钩头螺栓；8—挂钩

紧已浇墙面，可采取在外挂架下部用木楔顶紧的办法，如图 3.52 所示。

3.2.9.2　不同层高模板的处理

模板的配置高度应以标准层层高为主，对于非标准层层高有以下几种处理方法：

（1）非标准层层高低于标准层层高，一般仍采用标准层层高的模板，采取混凝土打低的办法处理；为控制混凝土浇筑高度，可采取钢筋定位、扁钢定位或扁钢通长定位等方法，如图 3.53 所示。

（2）非标准层层高略高于标准层层高，例如，标准层高 2.8m，非标准层层高 3.4m，可采用 600mm 模板横放，接高模板，与大模板之间螺栓连接，另外加竖向短背楞，如图 3.54（a）所示。在非标准层，还可采用木框竹胶合板模板［图 3.54（b）］或小钢模接高［图 3.54（c）］。整个非标准层不用钢大模板，而采用竹（木）胶合板模板，由于非标准层模板仅用少数几层，此部分竹胶合板可转到上层作为水平模板使用。

（3）当非标准层层高远远大于标准层层高时，还可用标准层大模板，采用多施工一次的办法，二次支模时模板与已浇混凝土的搭接大于100mm。搭设支模脚手架时，支撑大模板的脚手架钢管必须磨平。

（4）对于层高变化较多的工程，可采用大模板同若干组合模板组拼在一起，到一定层高拆卸一次，如图3.55所示。

3.2.9.3　高低错层模板的处理

在同一楼层常有不同的标高，例如：卫生间、客厅等比其他房间标高低50～300mm，个别工程特意设计错台达900mm。

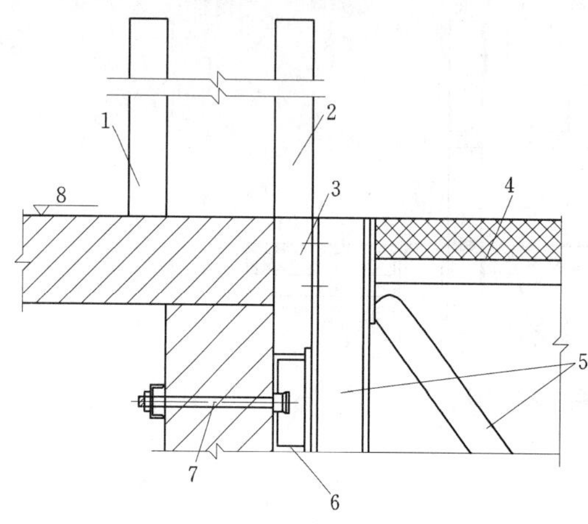

图3.52　不设装饰线做法

1—内模；2—外模；3—下包模；4—平台板；5—外挂架；6—挂钩；7—钩头螺栓；8—楼面标高

高低错层模板的处理方法：

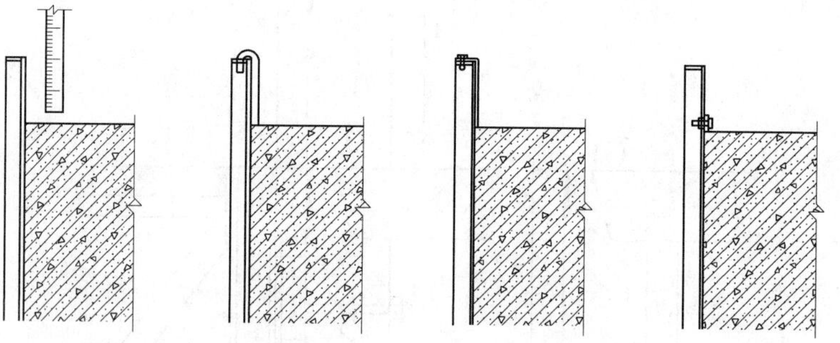

(a)　(b)　(c)　(d)

图3.53　混凝土打低的控制办法

(a) 尺量；(b) 钢筋定位；(c) 扁钢定位；(d) 扁钢通卡定位

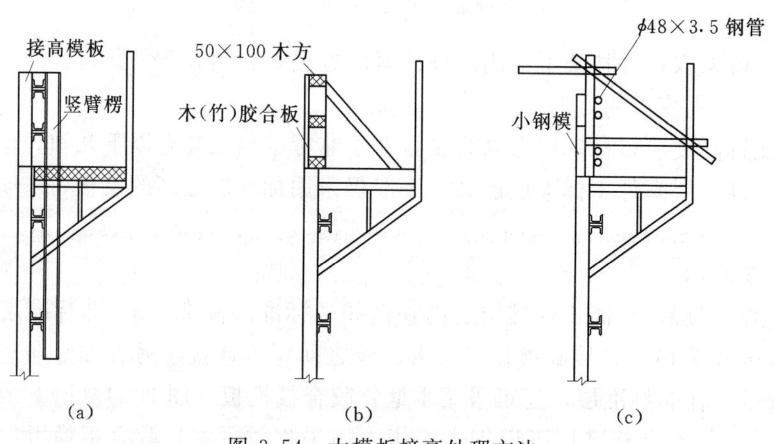

图3.54　大模板接高处理方法

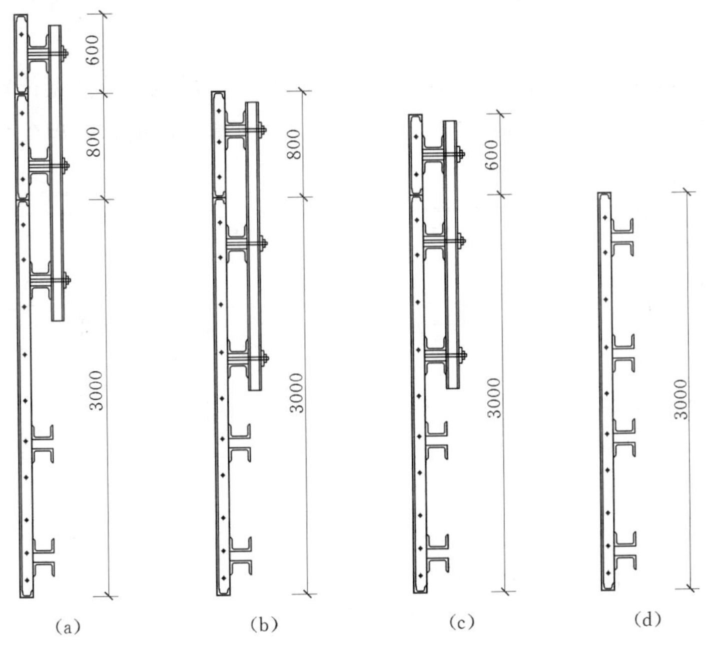

图 3.55 大模板层高变化的配模方法

(a) 模板接高 800mm、600mm；(b) 模板接高 800mm；

(c) 模板接高 600mm；(d) 标准层模板

(1) 错台部位的模板上口平齐，下 1∶1 接长，大模板穿墙螺栓孔位不变。错台超过 300mm 的下接模板，增加穿墙螺栓孔，孔位同大模板最上排孔位协调一致，以利用下层墙已形成的孔眼连接，如图 3.56 所示。

(2) 混凝土错台浇筑，错台位置以小孔钢板网割断。

(3) 错台部位的阴阳角模高度＝大模板高＋错台高低差。大模板错台位置放在角模的另一侧边。

(4) 50～100mm 的高低差，可在模板底部连接相应的角钢。

(5) 不大于 50mm 的高低差，可在模板底部连接或垫方木、木板。

3.2.9.4 连墙柱

(1) 连墙柱与剪力墙一起配置模板。在两柱轴线之间优先排列模数化大模板后，余数为柱模及相对应的大模板尺寸。

(2) 连接柱与剪力墙之间所形成的阴角，宜采用“单调”阴角模，即阴角模与剪力墙大模板之间为可调，与柱模之间直接同阳角模连接，如图 3.57 (a) 所示。

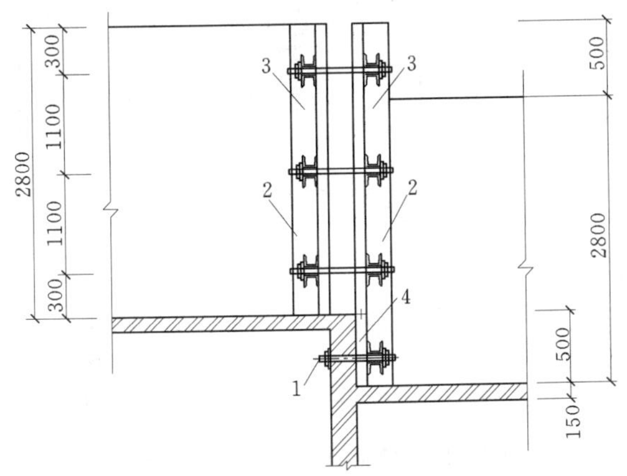

图 3.56 楼层错台的模板处理

1—穿墙螺栓；2—大模板；3—阴角模；4—下接模板

（3）在连接角柱位置还可采用1块平模板同2个不等边单调阴角模相连，两者之间由2个阳角角钢相连，如图3.57（b）所示。

（4）在与框架梁相连的柱头，设置梁柱节点凹形板，留出梁的高宽位置，梁的钢筋照绑，梁高度范围内的混凝土同其余梁板一起施工，先后浇筑的混凝土用小孔钢板网隔开。

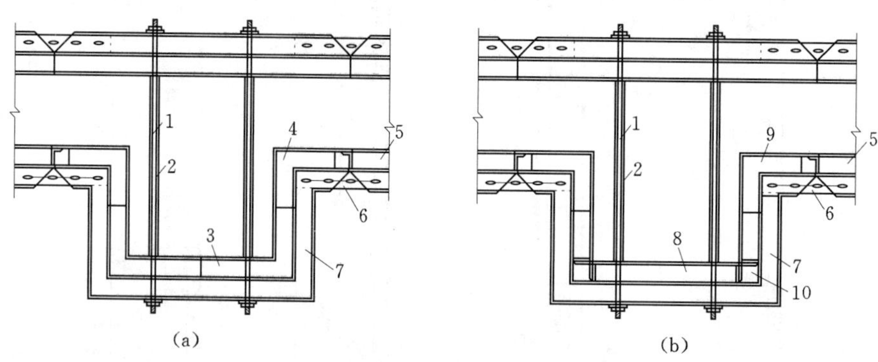

图3.57　连墙柱模板的配置

1—对拉螺栓；2—塑料套管；3—阳角模；4—阴角模；5—大模板；6—芯带；7—背楞；8—平模；9—异型角模；10—阳角角钢

3.2.9.5　钢木结合处理平面变换

在非标准层由于使用功能同标准层不同，因而在结构平面、截面尺寸等方面也同标准层有诸多变化，为了尽量发挥标准层大模板的作用，减少非标准层其他模板的投入，可以采用钢木结合的方法，处理非标准层与标准层的变换。

（1）非标准层外墙延伸。在非标准层主楼投影面部分采用大模板，其余外墙延伸部分采用木框竹胶板，两种模板结合施工，如图3.58所示。

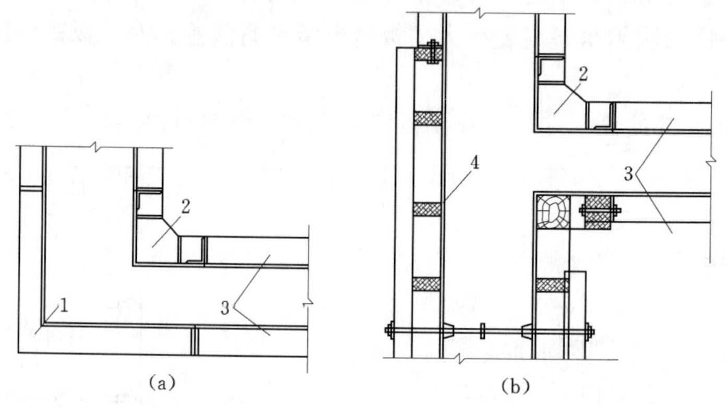

图3.58　钢木结合外墙延伸示例

（a）标准层主楼部分外墙角；（b）地下室外墙延伸节点

1—阳角模；2—阴角模；3—大模板；4—胶合板

（2）非标准层墙厚大。按标准层配置的大模板，在非标准层照常使用。非标准层部分墙厚大于标准层，内模板宽度相应改小，其做法是：采用组拼式或高精度通用组合大模板，配模时预设最小宽度调节模板（如200mm宽），在非标准层，背楞不动，仅卸除小

宽度调节模板，以木模或刨光木方补充，钢木结合使用，到标准层时再拆除木模更换原配小宽度调节钢模板，如图 3.59 所示。

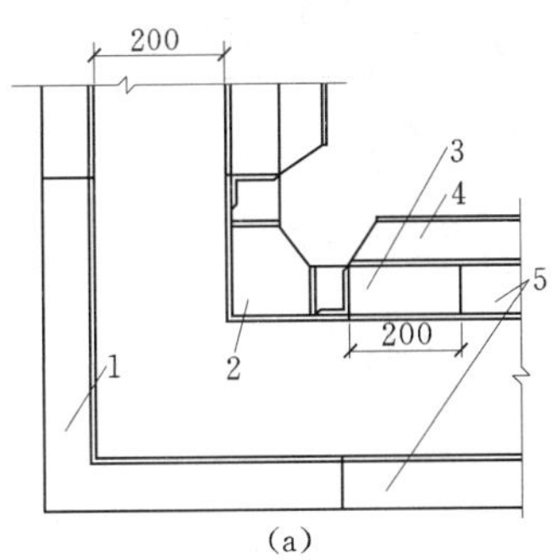

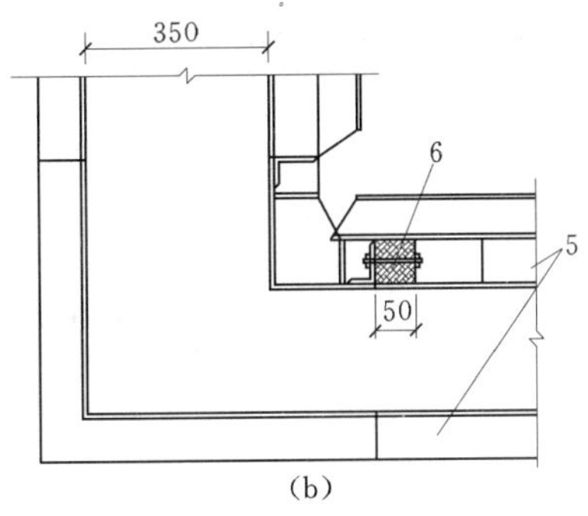

图 3.59 非标准层墙体变厚示例

(a) 标准层墙厚 200mm，预设调节钢模；(b) 非标准层墙厚 350mm，换为木模调节

1—阳角模；2—阴角模；3—调节模；4—水平背楞；5—大模板；6—木模

(3) 墙柱变换。当标准层墙角或丁字墙在非标准层为柱子时，大模板仍按标准层配置。在非标准层，特殊位置因为仅使用 1～2 次，故不配钢模，而配竹（木）柱模，比较合理，以减少一次投资，如图 3.60 所示。

3.2.9.6 丁字墙有无变换

有些工程在某一部位的下层结构有丁字墙，到上层时消失，而有些工程在下层某一部位没有丁字墙，但到上层时新增丁字墙。无论丁字墙由无到有，还是由有到无均采取以下规格：两块角模＋丁字墙厚＝模数化大模板规格（例如：600mm 或 900mm），以此进行变换，如图 3.61 (a)、(b) 所示。

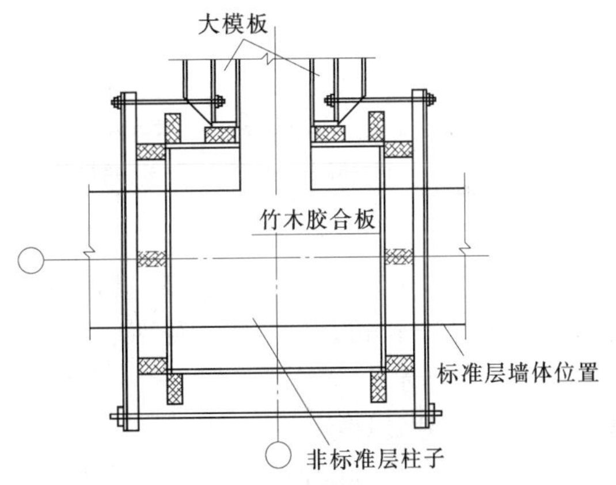

图 3.60 墙柱变换示例

3.2.9.7 沉降缝

根据沉降缝（含伸缩缝）缝隙的大小，模板可分为以下三种处理办法。

(1) 缝宽小于 90mm。缝中不设大模板，缝隙采用等宽泡沫塑料板填充，以乳胶贴于已浇墙体上。沉降缝（伸缩缝）两侧墙体支模方法为：第一次浇筑的墙体同一般外墙支模，第二次浇筑的墙体设单侧大模板，在单侧大模板底部的楼板上预埋螺栓，紧固后防止大模板位移，单侧大模板的斜撑加密，间距 600mm 设一道，用于支撑大模板。单侧大模板不另设穿墙螺栓，如图 3.62 (a) 所示。

(2) 缝宽 100～190mm。沉降缝模板不设背楞，模板厚 86mm（或≥66mm），在模板穿墙孔位置焊接螺母。外模高度：上口同上层楼面持平，下口接长，坐落到下层两墙之间的穿墙螺栓上。施工时，墙顶混凝土浇筑成刀把形。拆模时先拆除穿墙螺栓，拆除内模，最后拆除沉降缝模板。由于沉降缝模板无斜撑，拆除后应吊入专用钢管支架内堆放，如图

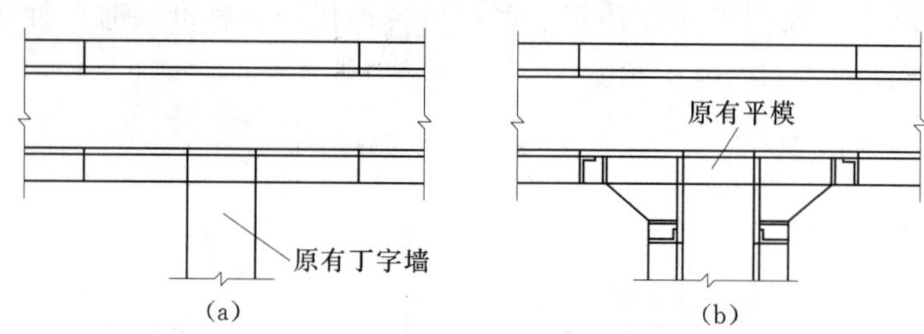

图 3.61　丁字墙有无变换示例

(a) 丁字墙消失加平模；(b) 新增丁字墙加角模

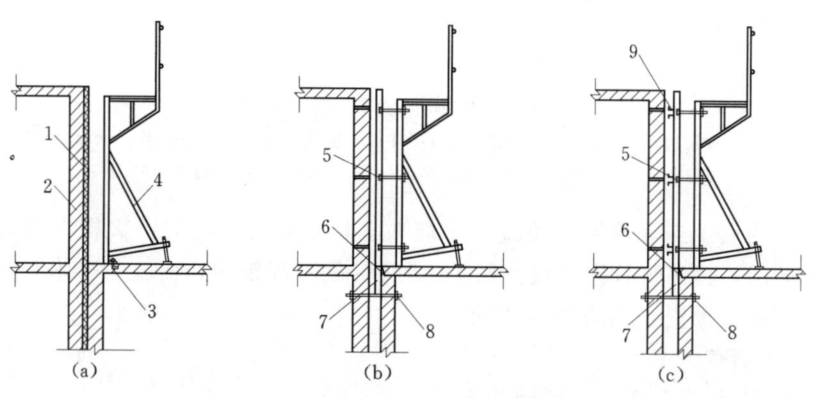

图 3.62　沉降缝模板的设置

1—聚苯板；2—已完墙体；3—楼板预埋紧固件；4—斜撑加@600；5—大模板上焊螺母；6—墙顶混凝土成刀把形；7—下接模板；8—两墙之间穿墙螺栓；9—正常大模板背楞

3.62（b）所示。

（3）缝宽200mm以上。沉降缝模板同正常外挂模板一样配有水平背楞，所不同的是沉降缝模板下口接长，坐落在下层两墙之间的穿墙螺栓上，模板穿墙孔位置焊接螺母，如图3.62（c）所示。

3.2.10　职业活动训练

（1）组织学生到附近的施工现场参观，直观感受大模板的施工，加深学生对大模板工程施工全过程的理解。

（2）阅读某一工程大模板配板图、施工方案等资料。

学习情境4　梁板模板工程施工与组织

学习单元4.1　梁板胶合板模板的配置

4.1.1　学习目标

（1）熟悉梁板的分类及各类梁板的特点。

（2）能利用胶合板模板对梁板进行模板配置。

（3）能合理选定胶合板模板的支撑体系。

（4）锻炼团队合作、分析问题、解决问题的能力。

4.1.2　学习任务

（1）识读梁板模板施工图。

（2）胶合板模板基础知识。

（3）胶合板模板支撑体系基础知识。

（4）胶合板模板连接件基础知识。

（5）梁板模板配置的原则、方法、步骤、要点等。

4.1.3　学习内容

（1）胶合板模板块。

（2）胶合板模板支撑体系。

（3）胶合板模板的连接件。

（4）钢模板的配置。

4.1.4　任务描述

完成给定施工图的梁板模板工程施工。

4.1.5　任务实施

4.1.5.1　梁板的分类

钢筋混凝土梁板包括钢筋混凝土梁、钢筋混凝土板、钢筋混凝土梁板等。

钢筋混凝土梁按其断面形式不同分为矩形梁和异形梁。

钢筋混凝土板按其截面形式分为矩形和空心形。

梁板按其组成可分为有梁板、无梁板、现浇平板等。

有梁板是指在模板、钢筋安装完毕后，将板与梁同时浇筑成一个整体的结构件。

通常有井字形板、肋形板。无梁板是将板直接支承在柱上，不设置梁的板。平板是指既无柱支承，又非现浇梁板结构，而周边直接由墙或框架梁来支承的现浇钢筋混凝土板。平板与无梁板的区别就是支承支座不同，平板由墙支承，无梁板由柱来支承。

4.1.5.2　梁板模板设计

4.1.5.2.1　模板的配置

选择胶合板模板（厚度12mm、15mm、18mm、21mm的木胶合板、竹胶合板）。

4.1.5.2.2　梁板模板的配置

1. 梁模板构造

梁模板主要由侧板、底板、夹木、托木、梁箍、支撑等组成。侧板、底板均可用一定厚度的胶合板加方木条板进行。

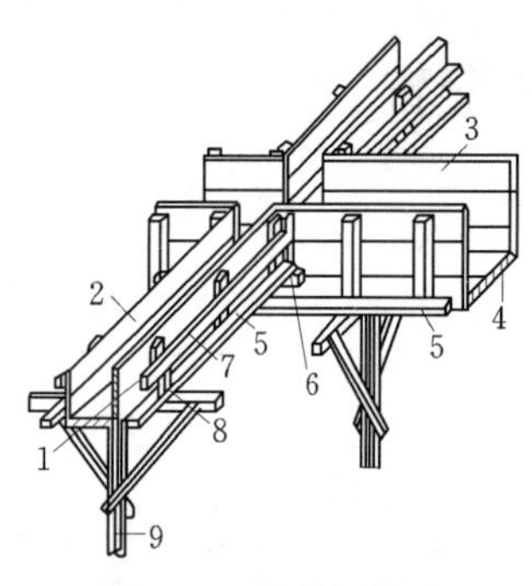

图 4.1　梁模板构造

1—次梁底板；2—次梁侧板；3—主梁侧板；4—主梁底板；5—夹木；6—衬口档；7—托木；8—垫块；9—顶撑

在梁底板下每隔一定间距支设顶撑。夹木设在梁模两侧板下方，将梁侧板与底板夹紧，并钉牢在支柱顶撑上。次梁模板，还应根据格栅标高，在两侧板外面钉上托木。在主梁与次梁交接处，应在主梁侧板上留缺口，并钉上衬口档，次梁的侧板和底板钉在衬口档上，如图 4.1 所示。

支撑梁模的顶撑（又称琵琶撑、支柱），其立柱一般为 100mm×100mm 的方木或直径为 120mm 的原木，帽木用断面（50～100）mm×100mm 的方木，长度根据梁高决定，斜撑用断面 50mm×75mm 的方木；亦可用钢制顶撑，如图 4.2 所示。为了调整梁模的标高，在立柱底要垫木楔。沿顶撑底在地面上应铺设垫板。垫板厚度应不小于 40mm，宽度不小于 200mm，长度不小于 600mm。新填土或土质不好的基层地面必须采取夯实措施。顶撑的间距要根据梁的断面大小而定，一般为 800～1200mm。

当梁的高度较大，应在侧板外面另加斜撑，斜撑上端钉在托木上，下端钉在顶撑的帽木上，如图 4.3 所示，独立梁的侧板上口用搭头木互卡住。

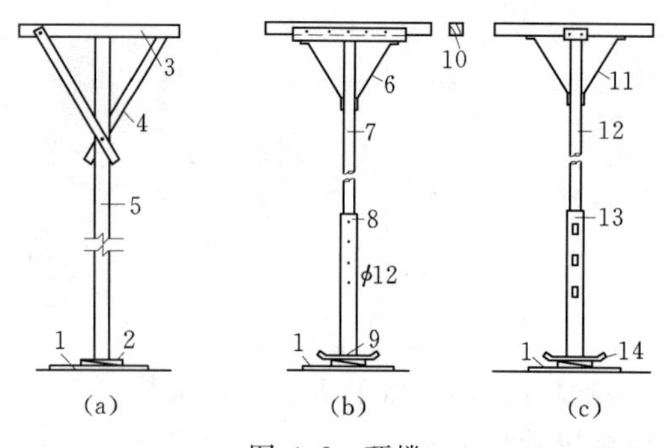

图 4.2　顶撑

(a) 木顶撑；(b)、(c) 钢顶撑

1—垫板；2—木模；3—帽木 [(50～100) mm×100mm 方木]；4—斜撑 (50mm×75mm 方木)；5—立柱 (100mm×100mm) 方木或 ϕ120 原木)；6—ϕ12 圆钢；7—ϕ50 钢管；8—ϕ63 钢管；9—滴水孔；10—100mm×100mm 方木；11—ϕ12 圆钢；12—ϕ50 钢管；13—ϕ63 钢管；14—木楔

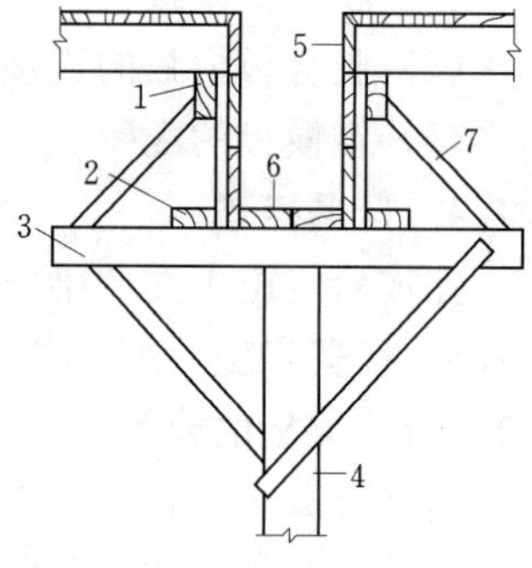

图 4.3　有斜撑的梁模

1—托木；2—夹木；3—帽木；4—顶撑；5—钢板；6—底板；7—斜撑

2. 楼板模板的构造

楼板模板一般用 12mm 或 18mm 厚的胶合板，铺设在格栅上。格栅两头搁置在托木上，格栅一般用断面 50mm×100mm 的方木，间距为 400～500mm。当格栅跨度较大时，应在格栅中间立支撑，并铺设通长的龙骨，以减小格栅的跨度。牵杠撑的断面要求与顶撑

立柱一样，下面需垫木楔及垫板。一般用（50～70）mm×150mm 的方木。楼板模板应垂直于格栅方向铺钉。定型模块的规格尺寸要符合格栅间距，或适当调整格栅间距来适应定型模块的尺寸，其构造组成如图 4.4、图 4.5 所示。

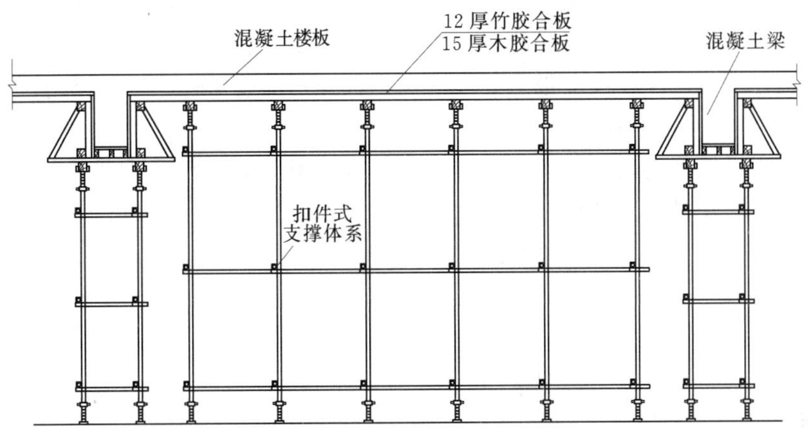

图 4.4　楼板支模示意图（竹、木胶合板）

4.1.5.2.3　梁板模板配置

1. 配制方法

（1）按设计图纸尺寸直接配制模板。形体简单的结构构件，可根据结构施工图纸直接按尺寸列出模板规格和数量进行配制。模板厚度、横档及楞木的断面和间距，以及支撑系统的配置，都可按支撑要求通过计算选用。

（2）采用放大样方法配制模板。形体复杂的结构构件，可在平整的地坪上，按结构图的尺寸画出结构构件的实样，量出各部分模板的准确尺寸或套制样板，同时确定模板及其安装的节点构造，进行模板的制作。

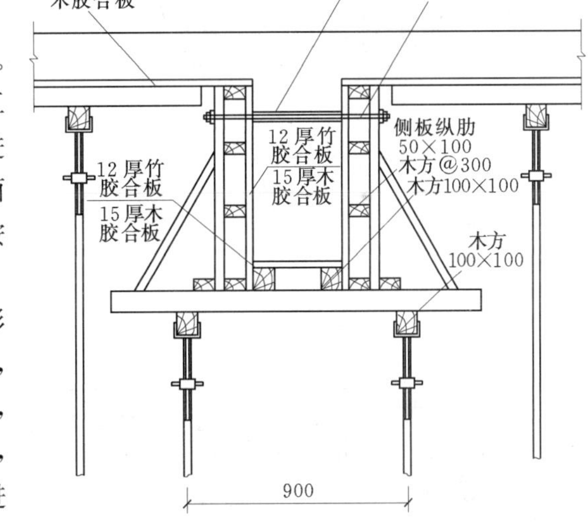

图 4.5　主次梁支模示意图（竹、木胶合板）

（3）用计算方法配制模板。形体复杂不易采用放大样方法，但有一定几何形体规律的构件，可用计算方法结合设大样的方法，进行模板的配制。

（4）采用结构表面展开法配制模板。一些形体复杂且又由各种不同形体组成的复杂体形结构构件，其模板的配制，可先画出模板平面图和展开图，再进行配模设计和模板制作。

2. 配置的要求

（1）应整张直接使用胶合板，尽量减少随意锯截，造成胶合板浪费。

（2）木胶合板常用厚度一般为 12mm 或 18mm，竹胶合板常用厚度一般为 12mm，

内、外楞常用规格为 50mm×100mm，间距可随胶合板的厚度，通过设计计算进行调整。

（3）支撑系统可以选用钢管脚手架，也可采用木支撑。采用木支撑时，不得选用脆性、严重扭曲和受潮容易变形的木材。

（4）钉子长度应为胶合板厚度的 1.5～2.5 倍，每块胶合板与木楞相叠处至少钉 2 个钉子。第二块板的钉子要转向第一块模板方向斜钉，使拼缝严密。

（5）配制好的模板应在反面编号并写明规格，分别堆放保管，以免错用。

4.1.5.2.4 模板的支设形式

（1）采用脚手钢管搭设排架，铺设楼板模板常采用的支模方法是：用 $\phi48\times3.5$mm 脚手钢管搭设排架，在排架上铺设 50mm×100mm 方木，间距为 400mm 左右，作为面板的格栅（楞木），在其上铺设胶合板面板，如图 4.6 所示。

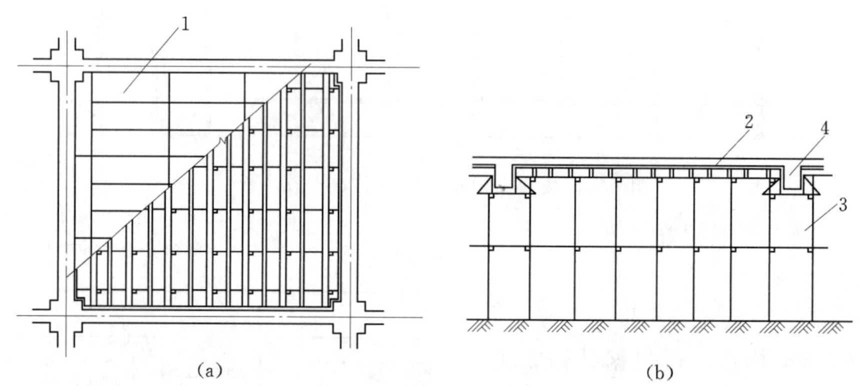

图 4.6　楼板模板采用钢管脚手排架支撑

(a) 平面；(b) 立面

1—胶合板；2—木楞；3—钢管脚手架支撑；4—现浇混凝土梁

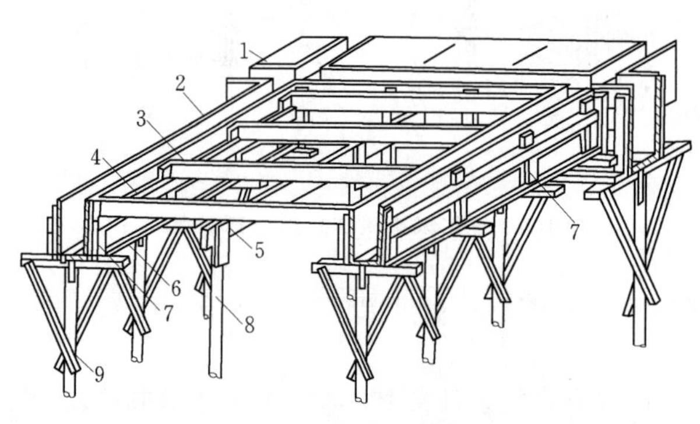

图 4.7　肋形楼盖木模板

1—楼板模板；2—梁侧模板；3—格栅；4—横档（托木）；5—牵杠；6—夹木；7—短撑木；8—牵杠撑；9—支柱（琵琶撑）

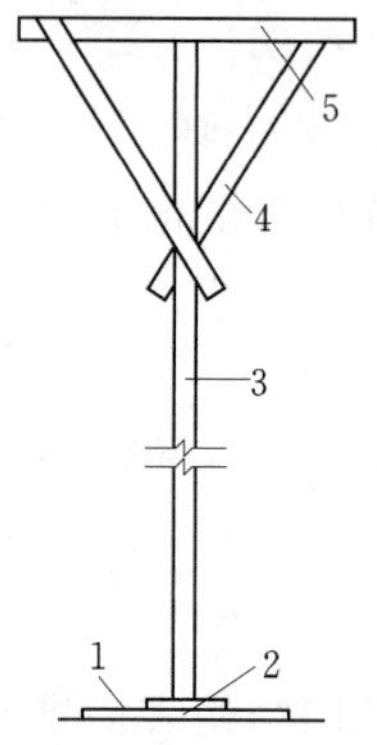

图 4.8　木顶撑

1—垫板；2—木楔；3—立柱（100mm×100mm 方木或 $\phi120$ 原木）；4—斜撑（50mm×75mm 方木）；5—帽木［(50～100) mm×100mm 方木］

（2）采用木顶撑支设楼板模板。楼板模板铺设在格栅上。格栅两头搁置在托木上，格栅一般用断面 50mm×100mm 的方木，间距为 400～500mm。当格栅跨度较大时，应在格栅下面再铺设通长的牵杠，以减小格栅的跨度。牵杠撑的断面要求与顶撑立柱一样，下面须垫木楔及垫板。一般用（50～75）mm×150mm 的方木。楼板模板应垂直于格栅方向铺钉，如图 4.7 所示。木顶撑构造如图 4.8 所示。

学习单元 4.2　梁板胶合板模板的安装、检测、拆除

4.2.1　学习目标

（1）会依据梁板模板配置图进行模板的安装。

（2）能依据模板安装质量标准进行质量检测。

（3）能根据模板拆除方案进行模板的拆除。

（4）能对安装过程进行安全、技术、质量管理和控制。

（5）锻炼组织能力、协调能力、管理能力。

4.2.2　学习任务

（1）熟练使用模板加工、安装的各种工具。

（2）熟悉梁板模板安装的工艺过程及安装工艺要点。

（3）对梁板模板安装质量检测并进行控制。

（4）对施工现场进行合理的布置并进行管理。

4.2.3　学习内容

（1）模板安装前的施工准备。

（2）模板加工工具的使用。

（3）模板安装工具的使用。

（4）模板安装工艺要点。

（5）模板安装质量检测。

（6）模板拆除工艺要点。

（7）安全操作技术要求。

4.2.4　任务描述

完成学习单元 4.1 进行的胶合板梁板模板配置方案的模板安装、检测、拆除等施工过程，通过实训，使学生对梁板模板拆除的基本技能得到实训，提高学生的实践技能水平。

4.2.5　任务实施

4.2.5.1　安装的基本要求

（1）保证结构构件各部分的形状、尺寸和相互间位置的正确性。

（2）具有足够的强度、刚度和稳定性。能承受本身自重及钢筋、浇捣混凝土的重量和侧压力，以及在施工中产生的其他荷载。

（3）装拆方便，能多次周转使用。

（4）模板拼缝严密，不漏浆。

（5）所用木料受潮后不易变形。

（6）支撑必须安装在坚实的地基上，并有足够的支撑面积，以保证所浇筑的结构不致发生下沉。

（7）节约材料。

4.2.5.2 安装的程序

测定梁、板底标高→搭设支撑架→安放纵横楞→安装梁底模→梁钢筋绑扎→安装梁侧模→安装梁柱节点模板→安装楼板底模→涂刷隔离剂→绑扎楼板钢筋→安放预埋管件→检验校正。

4.2.5.3 安装工艺要点

1. 梁模板安装

梁模板安装时，应在梁模下方地面上铺垫板，在柱模缺口处钉衬口档，然后把底板两头搁置在柱模衬口档上，再立靠柱模或墙边的顶撑，并按梁模长度等分顶撑间距，立中间部分的顶撑。顶撑底应打入木楔。安放侧板时，两头要钉牢在衬口档上，并在侧板底外侧铺上夹木，用夹子将侧板夹紧并钉牢在顶撑帽木上，随即把斜撑钉牢。顶撑的间距应经模板设计确定，一般情况下采用双支柱时，间距以60～100cm为宜。

次梁模板的安装，要待主梁模板安装并校正后才能进行。其底板及侧板两头是钉在主梁模板缺口处的衬口档上。次梁模板的两侧板外侧要按格栅底标高钉上托木。

梁模板安装后，要拉中线进行检查，复核各梁模中心位置是否对正。待平板模板安装后，检查并调整标高，将木楔钉牢在垫板上。各顶撑之间要设水平撑或剪刀撑，以保持顶撑的稳固，如图4.9所示。

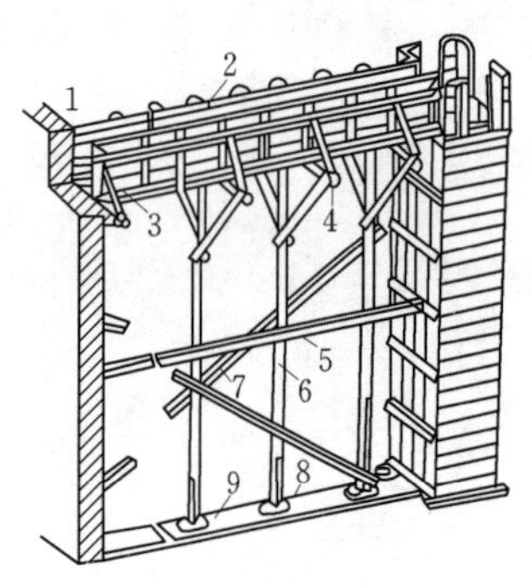

图4.9 梁模板的安装

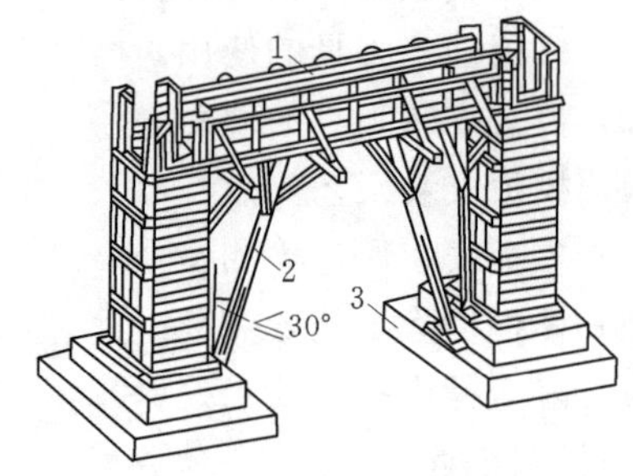

图4.10 用支撑倾斜支模

当梁的跨度在不小于4m时，在梁模的跨中要起拱，起拱高度为梁跨度的0.2%～0.3%。

当梁模板下面需留施工通道，或因土质不好不宜落地支撑，且梁的跨度又不大时，则可将支撑改成倾斜支设，支设在柱子的基础面上（倾角一般不宜大于30°），在梁底板下面用一根50mm×75mm或50mm×100mm的方木，将两根倾斜的支撑撑紧，以加强梁底板刚度和支撑的稳定性（图4.10）。

2. 楼板模板安装

楼板模板安装时，先在次梁模板的两侧板外侧弹水平线，水平线的标高应为平板底标高减去楼板模板厚度及格栅高度，然后按水平线钉上托木，托木上口与水平线相齐。再把

靠梁模旁的格栅先摆上，等分格栅间距，摆中间部分的格栅。最后在格栅上铺钉楼板模板。为了便于拆模，只把模板端部或接头处钉牢，中间尽量少钉。如果是定型模块则铺在格栅上即可。如中间没有牵杠撑及牵杠时，应在格栅摆放前先将牵杠撑立起，将牵杠铺平。

楼板模板铺好后，应进行模板面标高的检查工作，如有不符，应进行调整模板支柱纵横方向的水平拉杆、剪刀撑等，均应按设计要求布置；当设计无规定时，支柱间距一般不宜大于2m，纵横方向的水平拉杆的上下间距不宜大于1.5m，纵横方向的垂直剪刀撑的间距不宜大于6m。

采用扣件钢管脚手架作支架时，横杆的步距要按设计要求设置。采用桁架支模时，要按事先设计的要求设置，桁架的上下弦要设水平连接。

由于空调等各种设备管道安装的要求，需要在模板上预留孔洞时，应尽量使穿梁管道孔分散，穿梁管道孔的位置应设置在梁中，如图4.11所示，以防消减梁的截面影响梁额承载力。

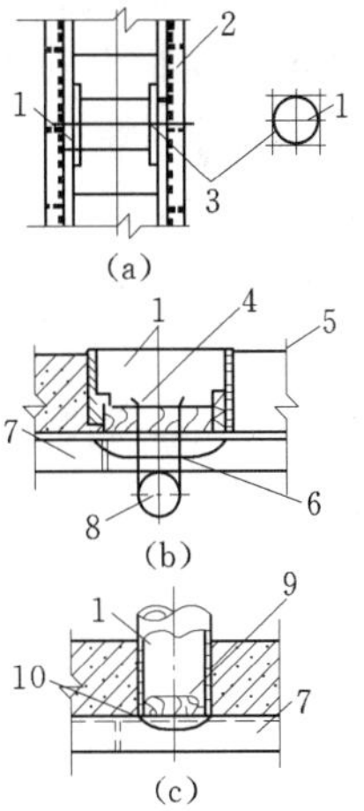

图4.11　预留孔洞留设方法

1—孔模板；2—墙模板；3—钢筋井字架；4—圆钉；5—木楔；6—钢丝；7—钢模板；8—底模钢楞；9—木块；10—木螺钉

4.2.6　质量验收及检验方法

4.2.6.1　主控项目

安装现浇结构的上层模板及其支架时，下层楼板应具有承受上层荷载的承载能力，或加设支架上、下层支架的立柱应对准，并铺设垫板。

检查数量：全数。

检验方法：对照模板设计文件和施工技术方案观察在涂刷模板隔离剂时，不得玷污钢筋和混凝土接槎处。

检查数量：全数。

检验方法：观察。

4.2.6.2　一般项目

模板安装应满足下列要求：

（1）模板的接缝不应漏浆，在浇筑混凝土前，木模板应浇水湿润，但模板内不应有积水。

（2）模板与混凝土的接触面应清理干净并涂刷隔离剂，但不得采用影响结构性能或妨碍装饰工程施工的隔离剂。

（3）浇筑混凝土前，模板内的杂物应清理干净。

（4）对清水混凝土工程及装饰混凝土工程，应使用能达到设计效果的模板。

用作模板的地坪、胎模等应平整光洁，不得产生影响构件质量的下沉、裂缝、起砂或起鼓。

检查数量：全数。

检验方法：观察。

对跨度不小于4m的现浇钢筋混凝土梁、板，其模板应按设计要求起拱；当设计无具体要求时，起拱高度宜为跨度的1/1000～3/1000。

固定在模板上的预埋件、预留孔和预留洞均不得遗漏，且应安装牢固，其偏差应符合表4.1的规定。

检查数量：在同一检验批内，对梁，应抽查构件数量的10%，且不少于3件。

对板，应按有代表性的自然间抽查10%，且不少于3间；对大空间结构，板可按纵、横轴线划分检查面，抽查10%，且不小于3面。

检验方法：水准仪或拉线、钢尺检查。现浇结构模板安装的偏差应符合表4.1的规定。

表4.1　预埋件和预留孔洞的允许偏差

<table>
<tr><th colspan="3">说　明</th><th>检查数量</th><th>检验方法</th></tr>
<tr><td colspan="3">预埋件和预留孔洞的允许偏差</td><td rowspan="22">在同一检验批内，对梁、柱和独立基础，应抽查构件数量的10%，且不少于3件；对墙和板，应按有代表性的自然间抽查10%，且不少于3间；对大空间结构，墙可按相邻轴线间高度5m左右划分检查面，板可按纵横轴线划分检查面，抽查10%，且均不少于3面</td><td rowspan="15">钢尺检查</td></tr>
<tr><td colspan="2">项　目</td><td>允许偏差（mm）</td></tr>
<tr><td colspan="2">预埋钢板中心线位置</td><td>3</td></tr>
<tr><td colspan="2">预埋管、预留孔中心线位置</td><td>3</td></tr>
<tr><td rowspan="2">插筋</td><td>中心线位置</td><td>5</td></tr>
<tr><td>外露长度</td><td>10</td></tr>
<tr><td rowspan="2">预埋螺栓</td><td>中心线位置</td><td>2</td></tr>
<tr><td>外露长度</td><td>10</td></tr>
<tr><td rowspan="2">预留洞</td><td>中心线位置</td><td>10</td></tr>
<tr><td>尺寸</td><td>10</td></tr>
<tr><td colspan="3">注：检查中心线位置时，应沿纵、横两个方向量测，并取其中的较大值</td></tr>
<tr><td colspan="3">现浇结构模板安装的允许偏差</td></tr>
<tr><td colspan="2">项　目</td><td>允许偏差（mm）</td></tr>
<tr><td colspan="2">轴线位置</td><td>5</td></tr>
<tr><td colspan="2">底模上表面标高</td><td>±5</td></tr>
<tr><td rowspan="2">截面内部尺寸</td><td>基础</td><td>±10</td><td>水准仪或拉线、钢尺检查</td></tr>
<tr><td>柱、墙、梁</td><td>+4，−5</td><td rowspan="2">钢尺检查</td></tr>
<tr><td rowspan="2">层高垂直度</td><td>≤5m</td><td>6</td></tr>
<tr><td>>5m</td><td>8</td><td rowspan="2">经纬仪或吊线、钢尺检查</td></tr>
<tr><td colspan="2">相邻两板表面高低差</td><td>2</td></tr>
<tr><td colspan="2">表面平整度</td><td>5</td><td>钢尺检查</td></tr>
<tr><td colspan="3">注：检查轴线位置时，应沿纵、横两个方向量测，并取其中的较大值</td><td>2m靠尺和塞尺检查</td></tr>
</table>

4.2.7　模板拆除

4.2.7.1　模板拆除规定

1. 模板拆除方法

拆模可分为两种情况：一种是在混凝土硬化后对模板无作用力的，如侧模板；另一种

是混凝土是已硬化，但要拆除模板则其构件本身还不具备承担荷载的能力。那么，这种构件的模板不是随便就可以拆除的，如梁、板、楼梯等构件。

2. 模板拆除程序

（1）模板拆除一般是先支的后拆，后支的先拆，先拆非承重部位，后拆承重部位，并做到不损伤构件或模板。

（2）肋形楼盖应先拆柱模板，再拆楼板底模，梁侧模板，最后拆梁底模板。拆除跨度较大的梁下支柱时，应先从跨中开始分别拆向两端。侧立模的拆除应按自上而下的原则进行。

（3）工具式支模的梁、板模板的拆除，应先拆卡具，顺口方木、侧板，再松动木楔，使支柱、桁架等平稳下降，逐段抽出底模板和横档木，最后取下桁架、支柱、托具。

（4）多层楼板模板支柱的拆除。当上层模板正在浇筑混凝土时，下一层楼板的支柱不得拆除，再下一层楼板支柱，仅可拆除一部分。跨度不小于 4m 的梁，均应保留支柱，其间距不得大于 3m；其余再下一层楼的模板支柱，当楼板混凝土达到设计强度时，始可全部拆除。

3. 模板拆除过程应注意的问题

（1）拆除时不要用力过猛、过急，拆下来的木料应整理好及时运走，做到活完地清。

（2）在拆除模板过程中，如发现混凝土有影响结构安全的质量问题时，应暂停拆除。经处理后，方可继续拆除。

（3）拆除跨度较大的梁下支柱时，应先从跨中开始，分别拆向两端。

（4）拆模间歇时，应将已活动的模板、牵杆、支撑等运走或妥善堆放，防止因扶空、踏空而坠落。

（5）模板上有预留孔洞者，应在安装后将洞口盖好。混凝土板上的预留孔洞，应在模板拆除后随即将洞口盖好。

（6）模板上架设的电线和使用的电动工具，应用 36V 的低压电源或采用其他有效的安全措施。

（7）拆除模板一般用长撬棍，人不许站在正在拆除的模板下。在拆除模板时，要防止整块模板掉下，拆模人员要站在门窗洞口外拉支撑，防止模板突然全部掉落伤人。

（8）高空拆模时，应有专人指挥，并在下面标明工作区，暂停人员过往。

（9）定型模板要加强保护，拆除后即清理干净，堆放整齐以利再用。

（10）已拆除模板及其支架的结构，应在混凝土强度达到设计强度等级后，才允许承受全部计算荷载。当承受施工荷载大于计算荷载时，必须经过核算，加设临时支撑。

4.2.7.2　模板拆除条件

1. 一般规定

混凝土结构在浇筑完成一些构件或一层结构之后，经过自然养护（或冬期蓄热法等养护）之后，在混凝土具有相当强度时，可对模板进行拆除作业。

2. 现浇混凝土结构拆模条件

对于整体式结构的拆模期限，应遵守以下规定：

（1）非承重的侧面模板，在混凝土强度能保证其表面及棱角不因拆除模板而损坏时，方可拆除。

(2) 底模板在混凝土强度达到表 4.2 的规定后，始能拆除。

(3) 已拆除模板及其支架的结构，应在混凝土达到设计强度后，才允许承受全部计算荷载。施工中不得超载使用已拆除模板的结构，严禁堆放过量建筑材料。当承受施工荷载大于计算荷载时，必须经过核算加设临时支撑。

(4) 钢筋混凝土结构如在混凝土未达到表 4.2 所规定的强度时进行拆模及承受部分荷载，应经过计算复核结构在实际荷载作用下的强度。必要时应加设临时支撑，但需说明的是表 4.2 中的强度系指抗压强度标准值。

3. 多层框架结构拆除条件

多层框架结构当需拆除下层结构的模板和支架，而其混凝土强度尚不能承受上层模板和支架所传来的荷载时，则上层结构的模板应选用减轻荷载的结构（如悬吊式模板、桁架支模等），但必须考虑其支撑部分的强度和刚度。或对下层结构另设支柱（或称再支撑）后，才可安装上层结构的模板。

表 4.2　底模拆除时的混凝土强度要求

构件类型	构件跨度（m）	达到设计的混凝土立方体抗压强度标准值的百分率（%）
板	≤2	≥50
	>2，≤8	≥75
	>8	≥100
梁、拱、壳	≤8	≥75
	>8	>100
悬臂构件	—	≥100

4.2.8　模板需求量估算

1. 梁板模板面积计算规则

有梁板按板底面面积、梁底面面积及梁侧面面积（板以下部分）之和计算；无梁板、平板按板底面面积计算；拱形板按板底面的拱形面积计算；板上单孔面积在 0.3m^2 以内的孔洞，不扣除孔洞面积，但洞侧壁面积亦不增加；单口面积 0.3m^2 以上时，应扣除孔洞面积，增加洞侧壁面积，计入板模板工程量。

2. 梁板模板需求量定额

每立方米混凝土所需模板面积，见表 4.3。

表 4.3　每立方米混凝土所需模板面积

构件名称	规格尺寸	模板面积（m^2）	构件名称	规格尺寸	模板面积（m^2）
梁	宽<0.25m	12.00	有梁板	厚>10cm	8.07
梁	宽<0.35m	8.89	无梁板		4.20
梁	宽<0.45m	6.67	平　板	厚<10cm	12.00
有梁板	厚<10cm	10.70	平　板	厚>10cm	8.0

4.2.9　学习与提高

钢筋混凝土结构构件施工所采用的模板面板材料和支承材料，较早时均采用木模板。

从 20 世纪 70 年代以来，模板材料已广泛“以钢代木”，采用钢材和其他面板材料，其构造也向定型化、工具化方向发展。到 20 世纪 90 年代，由于对混凝土结构表面的质量要求进一步提高，提倡“清水混凝土”，胶合板模板的应用范围正在逐步扩大，其支模工艺近似木模板。

4.2.9.1　胶合板模板的特点

胶合板用作混凝土模板具有以下特点：

（1）板幅大、自重轻、板面平整。既可减少安装工作量，节省现场人工费用，又可减少混凝土外露表面的装饰及打磨接缝的费用。

（2）承载能力大，特别是经表面处理后耐磨性好，能多次重复使用。

（3）材质轻，厚 18mm 的木胶合板，单位面积质量为 50kg，模板的运输、堆放、使用和管理等都较为方便。

（4）保温性能好，能防止温度变化过快，冬期施工有助于混凝土的保温。

（5）锯截方便，易加工成各种形状的模板。

（6）便于按工程的需要弯曲成型，用作曲面模板。

（7）用于清水混凝土模板，最为理想。

我国于 1981 年，在南京金陵饭店高层现浇平板结构施工中首次采用胶合板模板，胶合板模板的优越性第一次被认识。目前在全国各地大中城市的高层现浇混凝土结构施工中，胶合板模板已有相当的使用量。

4.2.9.2　种类

混凝土结构所用的胶合板模板有木胶合板和竹胶合板两类。

4.2.9.2.1　木胶合板模板

混凝土模板用的木胶合板属具有高耐气候、耐水性的Ⅰ类胶合板，胶黏剂为酚醛树脂胶，主要用克隆、阿必东、柳安、桦木、马尾松、云南松、落叶松等树种加工。

1. 构造和规格

（1）构造。模板用的木胶合板通常由 5 层、7 层、9 层、11 层等奇数层单板经热压固化而胶合成型。相邻层的纹理方向相互垂直，通常最外层表板的纹理方向和胶合板板面的长向平行，因此，整张胶合板的长向为强方向，短向为弱方向，使用时必须加以注意。

（2）规格。规格尺寸见表 4.4。

表 4.4　**混凝土模板用木胶合板规格尺寸**　单位：mm

模数制		非模数制		厚　度
宽　度	长　度	宽　度	长　度	
600	1800	915	1830	12.0
900	1800	1220	1830	15.0
1000	2000	915	2135	18.0
1200	2400	1220	2440	21.0

注　引自《混凝土模板用胶合板》（GB/T 17658—1999）。

2. 胶合性能检验

模板用木胶合板的胶黏剂主要是酚醛树脂。此类胶黏剂胶合强度高，耐水、耐热、耐腐蚀等性能良好，其突出的是耐沸水性能及耐久性优异。也有采用经化学改性的酚醛树脂胶。

评定胶合性能的指标主要有两项：

（1）胶合强度为初期胶合性能，指的是单板经胶合后完全粘牢，有足够的强度。

（2）胶合耐久性为长期胶合性能，指的是经过一定时期，仍保持胶合良好。

上述两项指标可通过胶合强度试验、沸水浸渍试验来判定。

施工单位在购买混凝土模板用胶合板时，首先要判别是否属于Ⅰ类胶合板，即判别该批胶合板是否采用了酚醛树脂胶或其他性能相当的胶黏剂。如果受试验条件限制，不能做胶合强度试验时，可以用沸水煮小块试件快速简单判别。方法是从胶合板上锯截下20mm×20mm的小块，放在沸水中煮0.5～1h。用酚醛树脂作为胶黏剂的试件煮后不会脱胶，而用脲醛树脂作为胶黏剂的试件煮后会脱胶。

3. 使用注意事项

（1）必须选用经过板面处理的胶合板。未经板面处理的胶合板用作模板时，因混凝土硬化过程中，胶合板与混凝土界面上存在水泥—木材之间的结合力，使板面与混凝土黏结较牢，脱模时易将板面木纤维撕破，影响混凝土表面质量。这种现象随胶合板使用次数的增加而逐渐加重。经覆膜罩面处理后的胶合板，增加了板面耐久性，脱模性能良好，外观平整光滑，最适用于有特殊要求的、混凝土外表面不加修饰处理的清水混凝土工程，如混凝土桥墩、立交桥、筒仓、烟囱以及塔等。

（2）未经板面处理的胶合板（亦称白坯板或素板），在使用前应对板面进行处理。处理的方法为冷涂刷涂料，把常温下固化的涂料胶涂刷在胶合板表面，构成保护膜。

（3）经表面处理的胶合板，施工现场使用中，一般应注意以下几个问题：

1）脱模后立即清洗板面浮浆，堆放整齐。

2）模板拆除时，严禁抛扔，以免损伤板面处理层。

3）胶合板边角应涂有封边胶，故应及时清除水泥浆。为了保护模板边角的封边胶，最好在支模时在模板拼缝处粘贴防水胶带或水泥纸袋，加以保护，防止漏浆。

4）胶合板板面尽量不钻孔洞。遇有预留孔洞，可用普通木板拼补。

5）现场应备有修补材料，以便对损伤的面板及时进行修补。

6）使用前必须涂刷脱模剂。

4.2.9.2.2　竹胶合板模板

我国竹材资源丰富，且竹材具有生长快、生产周期短（一般2～3年成材）的特点。另外，一般竹材顺纹抗拉强度为18MPa，为杉木的2.5倍、红松的1.5倍；横纹抗压强度为6～8MPa，是杉木的1.5倍、红松的2.5倍；静弯曲强度为15～16MPa。因此，在我国木材资源短缺的情况下，以竹材为原料，制作混凝土模板用竹胶合板，具有收缩率小、膨胀率和吸水率低以及承载能力大的特点，是一种具有发展前途的新型建筑模板。

1. 组成和构造

混凝土模板用竹胶合板，其面板与芯板所用材料既有不同之处，又有相同之处。不同的材料是芯板将竹子劈成竹条（称竹帘单板），宽14～17mm，厚3～5mm，在软化池中进行高温软化处理后，作烤青、烤黄、去竹衣及干燥等进一步处理。竹帘的编织可用人工或编织机编织。面板通常为编席单板，做法是竹子劈成篾片，由编工编成竹席。表面板采

用薄木胶合板。这样既可利用竹材资源，又兼有木胶合板的表面平整度。

另外，也有采用竹编席做面板的，这种板材表面平整度较差，且胶黏剂用量较多。竹胶合板断面构造，如图 4.12 所示。

为了提高竹胶合板的耐水性、耐磨性和耐碱性，经试验证明，竹胶合板表面进行环氧树脂涂面的耐碱性较好，进行瓷釉涂料涂面的综合效果最佳。

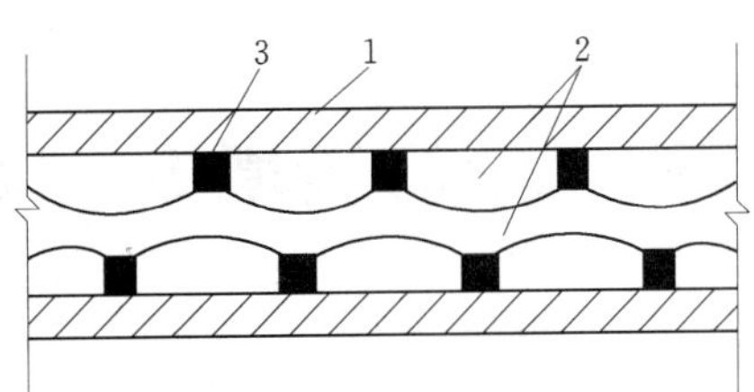

图 4.12 竹胶合板断面示意
1—竹席或薄木片表板；2—竹帘芯板；3—胶黏剂

2. 规格

我国国家标准《竹编胶合板》(GB 13123—91) 规定竹胶合板的规格见表 4.5 和表 4.6。

表 4.5 **竹胶合板长、宽规格** 单位：mm

长 度	宽 度	长 度	宽 度
1830	915	2440	1220
2000	1000	3000	1500
2135	915	—	—

表 4.6 **竹胶合板厚度与层数对应关系参考表**

层数	厚度 (mm)	层数	厚度 (mm)	层数	厚度 (mm)	层数	厚度 (mm)
2	1.4～2.5	8	6.0～6.5	14	11.0～11.8	20	15.5～16.2
3	2.4～3.5	9	6.5～7.5	15	11.8～12.5	21	16.5～17.2
4	3.4～4.5	10	7.5～8.2	16	12.5～13.0	22	17.5～18.0
5	4.5～5.0	11	8.2～9.0	17	13.0～14.0	23	18.0～19.5
6	5.0～5.5	12	9.0～9.8	18	14.0～14.5	24	19.5～20.0
7	5.5～6.0	13	9.0～10.8	19	14.5～15.3	—	—

混凝土模板用竹胶合板的厚度为 9mm、12mm、15mm、18mm。

我国建筑行业标准对竹胶合板模板的规格尺寸规定见表 4.7。

表 4.7 **竹胶合板模板规格尺寸** 单位：mm

长 度	宽 度	厚 度
1830	915	9，12，15，18
1830	1220	
2000	1000	
2135	915	
2440	1220	
3000	1500	

注 引自《竹胶合板模板》(JG/T 3026—1995)。

4.2.10 职业活动训练

组织学生参观附近的施工现场，直观感受梁板胶合板模板的施工，加深学生对胶合板模板施工的认识。

学习情境5　楼梯模板工程施工与组织

学习单元5.1　楼梯木模板的配置

5.1.1　学习目标

（1）熟悉楼梯的分类及各类楼梯的特点。

（2）能利用木模板对楼梯进行模板配置。

（3）能合理选定支模模板的支撑体系。

（4）锻炼团队合作、分析问题、解决问题的能力。

5.1.2　学习任务

（1）识读楼梯模板施工图。

（2）木模板基础知识。

（3）木模板支撑体系基础知识。

（4）木模板连接件基础知识。

（5）木模板配置的原则、方法、步骤、要点等。

5.1.3　学习内容

（1）木模板。

（2）木模板支撑体系。

（3）木模板的加工工艺要点。

（4）木模板组装工艺。

（5）木模板检测与评定。

5.1.4　任务描述

通过钢筋混凝土双跑楼梯（楼梯类型图如图5.1所示，其平面图如图5.2所示，详图如图5.3所示）这一载体，介绍木模板配置的基本方法、步骤及要点，使学生掌握木模板配置的基本技能。

5.1.5　任务实施

5.1.5.1　楼梯的分类

（1）楼梯按材料分可分为木楼梯、钢筋混凝土楼梯、钢楼梯。

（2）楼梯按设置的位置分可分为室内楼梯、室外楼梯。

（3）按使用性质分可分为主要楼梯、辅助楼梯、防火楼梯等。

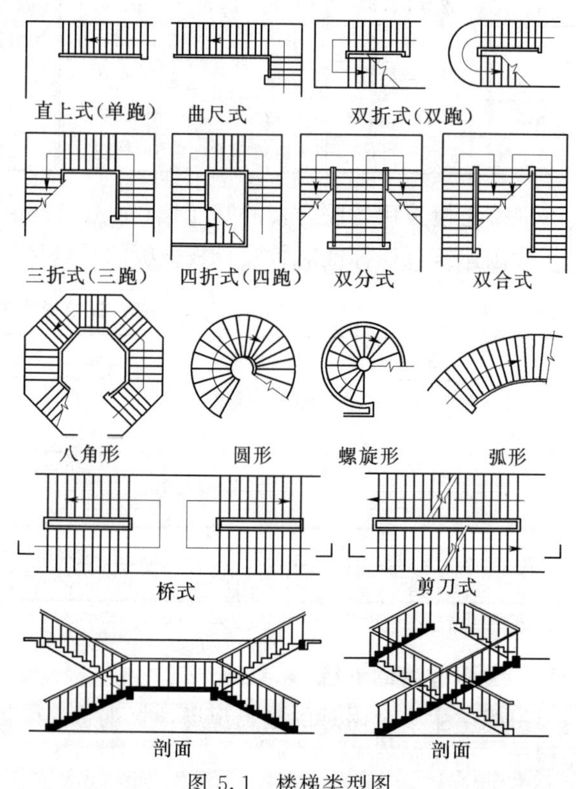

图5.1　楼梯类型图

(4) 按楼层间梯段数量及其平面布置形式分可分为单跑楼梯、双跑楼梯、三跑楼梯和多跑楼梯、弧线形楼梯。

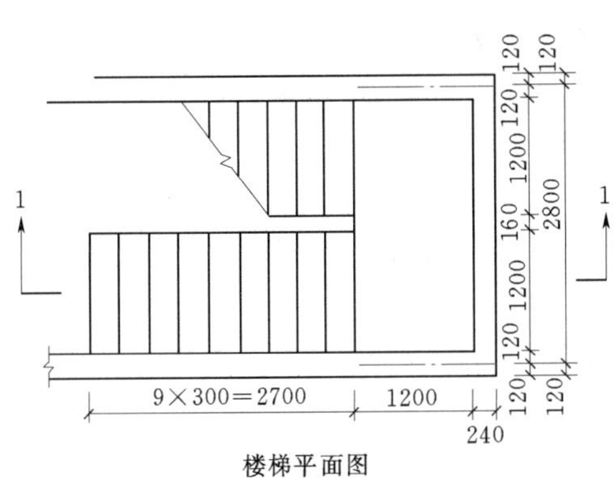

图 5.2 楼梯平面图

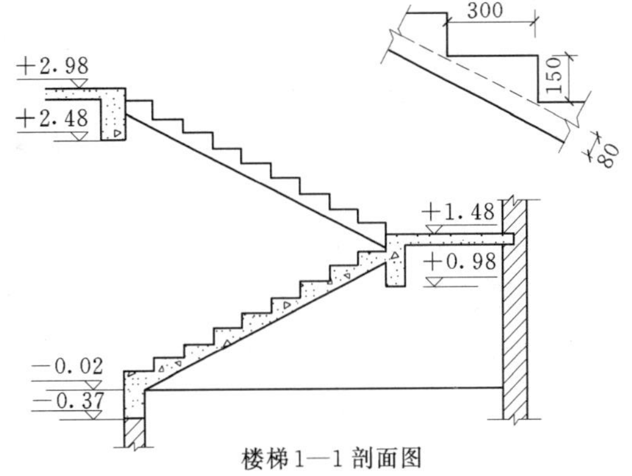

图 5.3 楼梯详图（高程单位：m）

5.1.5.2 模板配置

模板的选择宜选择木模板。

5.1.5.2.1 双跑板式楼梯模板构造

双跑板式楼梯包括楼梯段（梯板和踏步）梯基梁、平台梁及平台板等（图 5.2～图 5.3）。平台梁和平台板模板的构造与肋形楼盖模板基本相同。楼梯段模板是由底模、格栅、牵杠、牵杠撑、外帮板、踏步侧板、反三角木等组成（图 5.4）。

踏步侧板两端钉在梯段侧板（外帮板）的木档上，如先砌墙体，则靠墙的一端可钉在反三角木上。梯段侧板的宽度至少要等于梯段板厚及踏步高，板的厚度为 30mm，长度按梯段长度确定。在梯段侧板内侧划出踏步形状与尺寸，并在踏步高度线一侧留出踏步侧板厚度钉上木档，用于钉踏步侧板。反三角木是由若干三角木块钉在方木上，三角木块两直角边长分别各等于踏步的高和宽，板的厚度为 50mm，方木断面为 50mm×100mm。每一梯段反三角木至少要配一块。楼梯较宽时，可多配。反三角木用横楞及立木支吊。

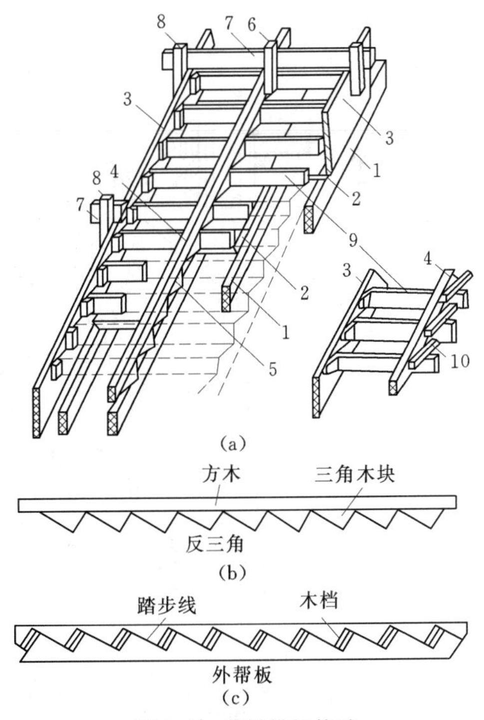

图 5.4 楼梯模板构造

1—楞木；2—底模；3—外帮板；4—反三角木；5—三角木；6—吊木；7—横楞；8—立木；9—踏步侧板；10—顶木

5.1.5.2.2 配置方法

1. 放大样方法

楼梯模板有的部分可按楼梯详图配制，有的部分则需要放出楼梯的大样图，以便量出模板的准确尺寸。

（1）在平整的水泥地坪上，用1∶1或1∶2的比例放大样。先弹出水平基线$x—x$及其垂线$y—y$。

（2）根据已知尺寸及标高，先画出梯基梁、平台梁及平台板。

（3）定出踏步首末两级的角部位置A、a两点及根部位置B、b两点［图5.5（a）］，两点之间画连线。画出Bb线的平行线，其距离等于梯板厚，与梁边相交得C、c［图5.5（a）］。

（4）在Aa及Bb两线之间，通过水平等分或垂直等分画出踏步［图5.5（a）］。

（5）按模板厚度与梁板底部和侧部画出模板图［图5.5（b）］。

（6）按支撑系统的规格画出模板支撑系统及反三角等模板安装图（图5.6）。

第二梯段放样方法与第一梯段基本相同。

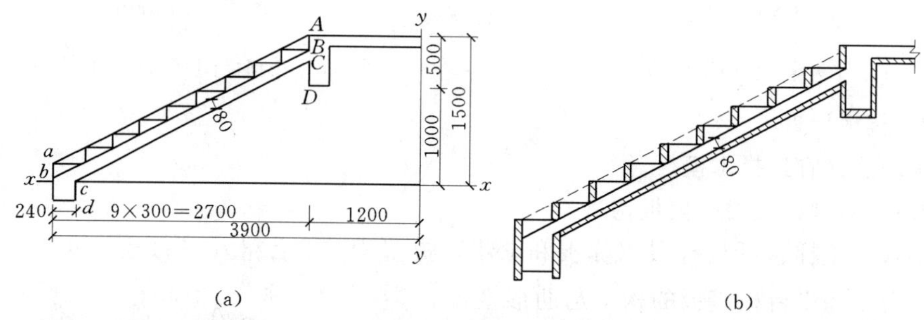

图5.5　楼梯放样图

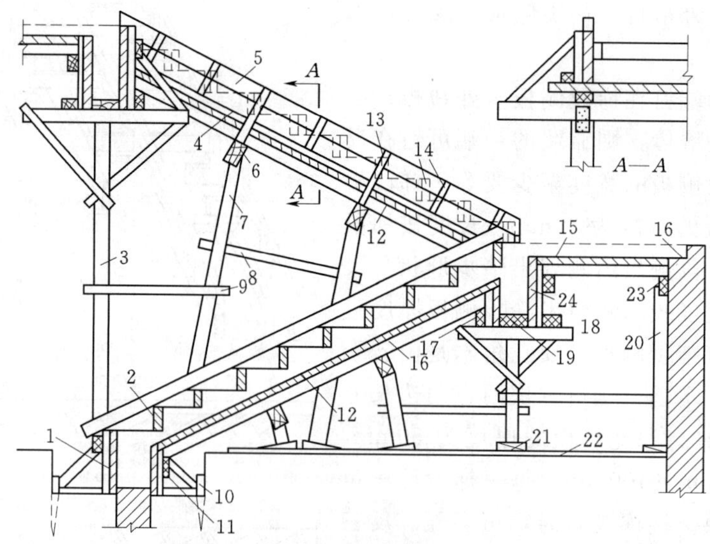

图5.6　楼梯模板

1—梯基侧板；2—踏步侧板；3—顶撑；4—夹木；5—外帮板；6—牵杠；7—牵杠撑；8—拉杆；9—反三角；10—木桩；11—托木；12—梯段底板；13—斜撑；14—木档；15—平台底板；16—格栅；17—托木；18—侧板；19—底模；20—牵杠撑；21—木楔；22—垫板；23—牵杠；24—平台梁

2. 计算方法

(1) 楼梯踏步的高和宽构成的直角三角形与梯段和水平线构成的直角三角形都是相似三角形（对应边平行），因此，踏步的坡度和坡度系数即为梯段的坡度和坡度系数。通过已知踏步的高和宽可以得出楼梯的坡度和坡度系数，所以楼梯模板各倾斜部分都可利用楼梯的坡度值和坡度系数，进行各部分尺寸的计算。

以图 5.2 楼梯为例进行计算，已知踏步高＝150mm，踏步宽＝300mm

踏步斜边长＝150^2+300^2＝335.4（mm）

坡度＝短边/长边＝150/300＝0.5

坡度系数＝斜边/长边＝335/300＝1.118

根据已知的坡度和坡度系数，可进行楼梯模板各部分尺寸的计算：

楼梯基梁里侧模的计算如图 5.7 所示，外侧模板全高为 450mm。

里侧模板高度＝外侧模板－AC

其中：$AC=AB+BC$

$AB=60\times0.5=30$（mm）

$BC=80\times1.118=90$（mm）

$AC=30+90=120$（mm）

所以：里侧模板高＝450－120＝330（mm）

侧模板厚取 30mm，坡度已知为 0.5。

又：模板倒斜口高度＝30×0.5＝15（mm）

里侧板接上梯度，模板外边应高 15mm，则：

梯基梁里侧模高应取 330＋15＝345（mm）。

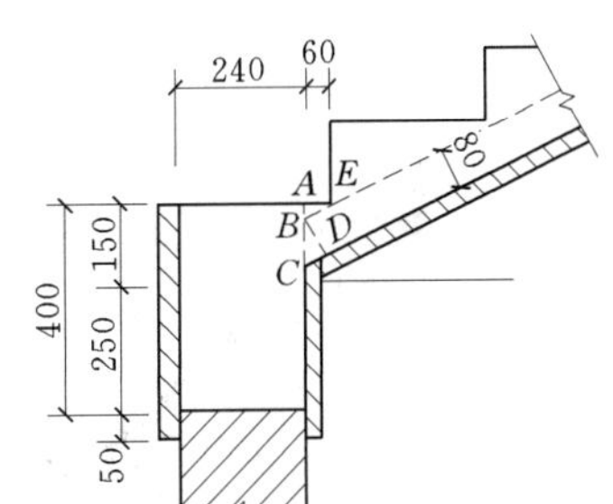

图 5.7　楼梯基梁模板

(2) 平台梁里侧模的计算如图 5.8 所示。

里侧模的高度：由于平台梁与下梯段相接部分以及与上梯段相接部分的高度不相同，模板上口倒斜口的方向也不相同；另外，两梯段之间平台梁末与梯段相接部分一小段模板的高度为全高。因此：

里侧模全高＝420＋80＋50＝550（mm）

平台梁与梯段相接部分高度 AC 为 80×1.118＝90（mm）

踏步高 AB＝150mm

则：与下梯段连接的里侧模高＝550－150－90＝310（mm）

与上梯段连接的里侧模高＝550－90＝460（mm）[图 5.8（a）]

又：侧模上口倒斜口高度＝30×0.5＝15（mm）

下梯段侧模外边倒口 15mm，高度仍为 310mm；

上梯段侧模里边倒口 15mm，高度应为 460＋15＝475（mm）。

平台板里侧模如图 5.8（c）所示。

(3) 梯段板底模长度计算。梯段板底模长度为底模水平投影长乘以坡度系数，以图 5.5 为例。

底模水平投影长度＝2700－240（梁宽）－（30＋30）（梁侧模板厚）＝2400（mm）

底模斜长＝2400×1.118＝2683（mm）

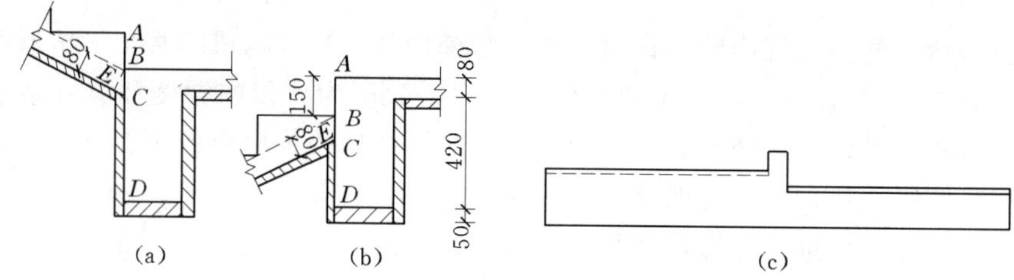

图 5.8 平台梁模板

（4）梯段侧模计算（图 5.9）。

踏步侧板厚为 20mm，木档宽为 40mm，则：

AB=300+20+40=360（mm）

AC=360×0.5=180（mm）

AD=180÷1.118=160（mm）

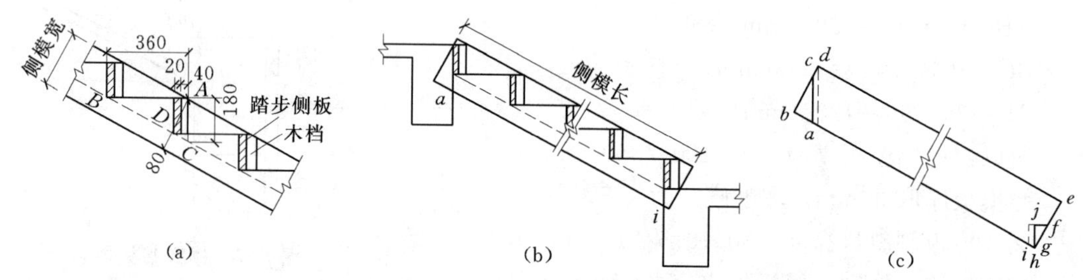

图 5.9 梯段侧模

（a）踏步尺寸；（b）侧模长；（c）侧模成型

侧模宽度=160+80=240（mm）［图 5.9（a）］

侧模长度约为梯段斜长加侧模宽度与坡度的乘积［图 5.9（b）］，即

侧模长度 L=2700×1.118+240×0.5=3139（mm）

侧模割锯部分的尺寸计算如图 5.9（c）所示。

模板四角编号为 $bdeg$，bd 端锯去△abc，△abc 为与楼梯坡度相同的直角三角形

ac=踏步高+梯板厚×坡度系数=150+80×1.118=240（mm）

bc=240÷1.118=214（mm）

ab=214×0.5=107（mm）

eg 端锯△fjh，△fjh 为与楼梯坡度相同的直角三角形。

fj=踏步侧板厚+木档宽=20+40=60（mm）

ai 与 ji 交于 i 点，i 必须等于梯板厚×坡度系数，ai 必须等于梯板底的斜长。

模板的长度如有误差，在满足以上两个条件下，可以平移 ji，进行调整。

虚线部分为最后按梁侧模板厚度锯去的部分。

5.1.6 职业活动训练

（1）阅读某一工程的木模板配置方案，加深学生对木模板配置的认识。

（2）与施工企业的木工工长座谈，交流木模板配置的经验，提高学生的基本技能。

学习单元 5.2 楼梯木模板的安装、检测、拆除

5.2.1 学习目标

(1) 会依据楼梯模板配置图进行楼梯模板的安装。

(2) 能依据楼梯模板安装质量标准进行质量检测。

(3) 能根据楼梯模板拆除方案进行模板的拆除。

(4) 能对安装过程进行安全、技术、质量管理和控制。

(5) 锻炼组织能力、协调能力、管理能力。

5.2.2 学习任务

(1) 熟练使用楼梯木模板的加工、安装的各种工具。

(2) 熟悉楼梯模板安装的工艺过程及安装工艺要点。

(3) 对楼梯模板安装质量检测并进行控制。

(4) 对施工现场进行合理的布置并进行管理。

5.2.3 学习内容

(1) 楼梯模板安装前的施工准备。

(2) 楼梯模板安装工具的使用。

(3) 楼梯模板安装工艺要点。

(4) 楼梯模板安装质量检测。

(5) 楼梯模板拆除工艺要点。

(6) 楼梯模板安全操作技术要求。

5.2.4 任务描述

完成学习单元 5.1 所配置的楼梯木模板的安装、检测、拆除等施工，使学生掌握木模板施工的基本技能，提高学生实际动手能力。

5.2.5 任务实施

5.2.5.1 安装步骤

以先砌墙体后浇楼梯的施工方法介绍楼梯模板的安装步骤。

先立平台梁、平台板的模板以及梯基的侧板。在平台梁和梯基侧板上钉托木，将格栅支于托木上，格栅的间距为 400～500mm，断面为 50mm×100mm。格栅下立牵杠及牵杠撑，牵杠断面为 50mm×150mm，牵杠撑间距为 1～1.2m，其下垫通长垫板。牵杠应与格栅相垂直，牵杠撑之间应用拉杆相互拉结。然后在格栅上铺梯段底板，底板厚为 25～30mm。底板纵向应与格栅相垂直。在底板上画梯段宽度线，依线立外帮板，外帮板可用夹木或斜撑固定。再在靠墙的一面立反三角木，反三角木的两端与平台梁和梯基的侧板钉牢。然后在反三角木与外帮板之间逐块钉踏步侧板，踏步侧板一头钉在外帮板的木档上，另一头钉在反三角木的侧面上。如果梯形较宽，应在梯段中间再加设反三角木。

如果是先浇楼梯后砌墙体，则梯段两侧都应设外帮板，梯段中间加设反三角木，其余安装步骤与先砌墙体做法相同。

楼梯支模示意图如图 5.10、图 5.11 所示。

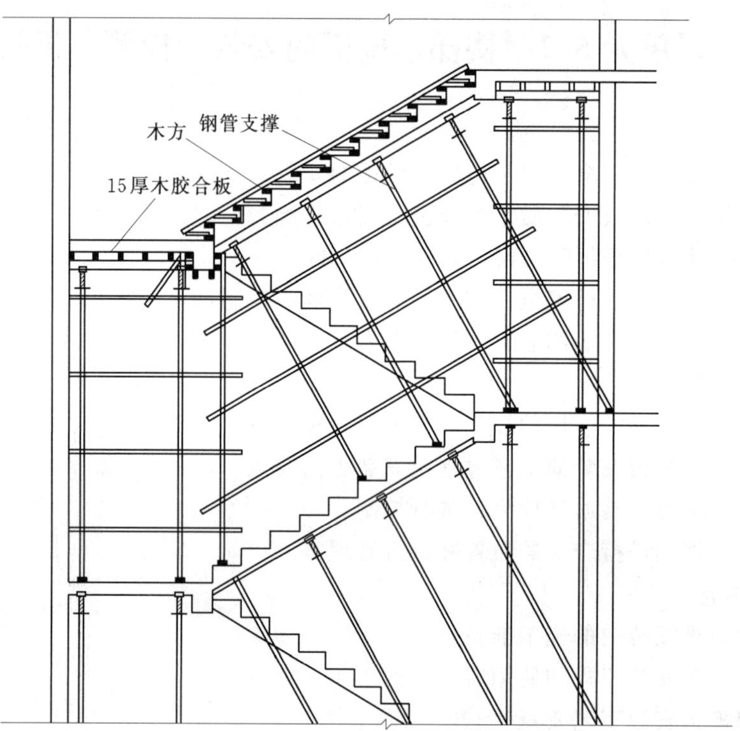

图 5.10　楼梯支模示意图（木胶合板）

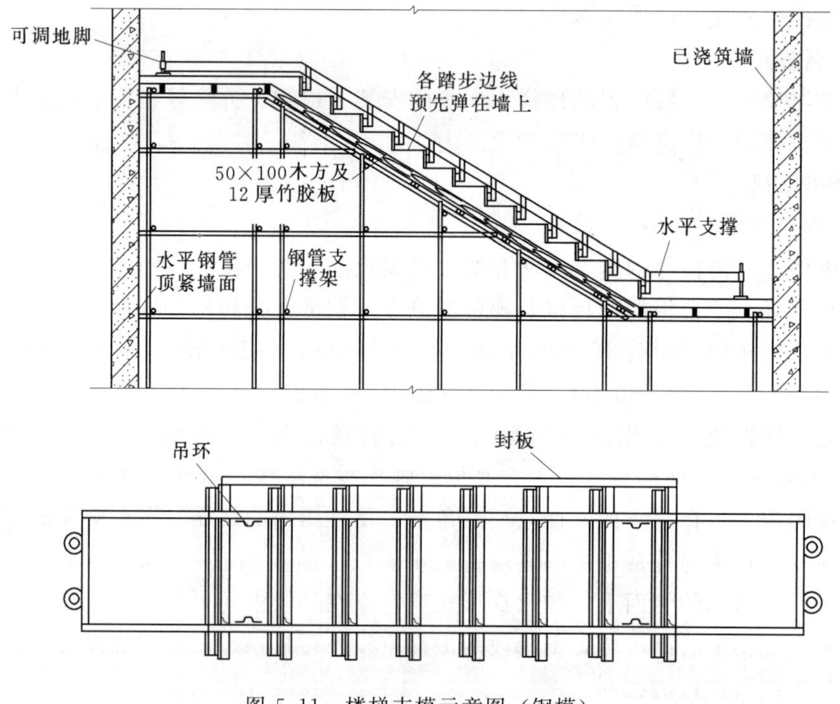

图 5.11　楼梯支模示意图（钢模）

5.2.5.2　安装质量检验

1. 主控项目

安装现浇结构的上层模板及其支架时，下层楼板应具有承受上层荷载的承载能力，或加设支架上、下层支架的立柱应对准，并铺设垫板。

检查数量：全数。

检验方法：对照模板设计文件和施工技术方案观察。

在涂刷模板隔离剂时，不得玷污钢筋和混凝土接槎处。

检查数量：全数。

检验方法：观察。

2. 一般项目

（1）模板安装应满足下列要求：

1）模板的接缝不应漏浆；在浇筑混凝土前，木模板应浇水湿润，但模板内不应有积水。

2）模板与混凝土的接触面应清理干净并涂刷隔离剂，但不得采用影响结构性能或妨碍装饰工程施工的隔离剂。

3）浇筑混凝土前，模板内的杂物应清理干净。

4）对清水混凝土工程及装饰混凝土工程，应使用能达到设计效果的模板。

（2）用作模板的地坪、胎模等应平整光洁，不得产生影响构件质量的下沉、裂缝、起砂或起鼓。

检查数量：全数。

检验方法：观察。

（3）对跨度不小于 4m 的现浇钢筋混凝土梁、板，其模板应按设计要求起拱；当设计无具体要求时，起拱高度宜为跨度的 1/1000～3/1000。

（4）固定在模板上的预埋件、预留孔和预留洞均不得遗漏，且应安装牢固，其偏差应符合表 5.1 的规定。

检查数量：在同一检验批内，对梁，应抽查构件数量的 10%，且不少于 3 件；对板，应按有代表性的自然间抽查 10%，且不少于 3 间；对大空间结构，板可按纵、横轴线划分检查面，抽查 10%，且不小于 3 面。

检验方法：水准仪或拉线、钢尺检查。

（5）现浇结构模板安装的偏差应符合表 5.1 的规定。

5.2.6　模板施工安全技术措施

5.2.6.1　选材

（1）木模板的材质应符合《木结构工程施工质量验收规范》（GB 50206—2002）中的承重结构选材标准，材质不低于Ⅲ等材。

（2）木模板及其支架严禁使用脆性、过分潮湿、易于变形和弯扭不直的木材。

（3）支撑木杆应用松木或杉木，不得采用杨木、柳木、桦木、椴木等易变形开裂的木材。

（4）木料上的节疤、缺口等疵病部位，应放在模板的背面或截去。模板用钉，其长度应为模板厚度的 2～2.5 倍。

表 5.1　　预埋件和预留孔洞的允许偏差

<table>
<tr><th colspan="3">说　明</th><th>检查数量</th><th>检验方法</th></tr>
<tr><td colspan="3">预埋件和预留孔洞的允许偏差</td><td rowspan="22">在同一检验批内，对梁、柱和独立基础，应抽查构件数量的10%，且不少于3件；对墙和板，应按有代表性的自然间抽查10%，且不少于3间；对大空间结构，墙可按相邻轴线间高度5m左右划分检查面，板可按纵横轴线划分检查面，抽查10%，且均不少于3面</td><td rowspan="15">钢尺检查</td></tr>
<tr><td colspan="2">项　目</td><td>允许偏差（mm）</td></tr>
<tr><td colspan="2">预埋钢板中心线位置</td><td>3</td></tr>
<tr><td colspan="2">预埋管、预留孔中心线位置</td><td>3</td></tr>
<tr><td rowspan="2">插筋</td><td>中心线位置</td><td>5</td></tr>
<tr><td>外露长度</td><td>+10</td></tr>
<tr><td rowspan="2">预埋螺栓</td><td>中心线位置</td><td>2</td></tr>
<tr><td>外露长度</td><td>+10</td></tr>
<tr><td rowspan="2">预留洞</td><td>中心线位置</td><td>10</td></tr>
<tr><td>尺寸</td><td>+10</td></tr>
<tr><td colspan="3">注：检查中心线位置时，应沿纵、横两个方向量测，并取其中的较大值</td></tr>
<tr><td colspan="3">现浇结构模板安装的允许偏差</td></tr>
<tr><td colspan="2">项　目</td><td>允许偏差（mm）</td></tr>
<tr><td colspan="2">轴线位置</td><td>5</td></tr>
<tr><td colspan="2">底模上表面标高</td><td>±5</td></tr>
<tr><td rowspan="2">截面内部尺寸</td><td>基础</td><td>±10</td><td>水准仪或拉线、钢尺检查</td></tr>
<tr><td>柱、墙、梁</td><td>+4，-5</td><td rowspan="2">钢尺检查</td></tr>
<tr><td rowspan="2">层高垂直度</td><td>≤5m</td><td>6</td></tr>
<tr><td>>5m</td><td>8</td><td rowspan="2">经纬仪或吊线、钢尺检查</td></tr>
<tr><td colspan="2">相邻两板表面高低差</td><td>2</td></tr>
<tr><td colspan="2">表面平整度</td><td>5</td><td>钢尺检查</td></tr>
<tr><td colspan="3">注：检查轴线位置时，应沿纵、横两个方向量测，并取其中的较大值</td><td>2m靠尺和塞尺检查</td></tr>
</table>

5.2.6.2　模板安装

（1）模板安装必须按模板的施工方案设计进行，严禁任意变动设计。

（2）作业人员必须戴好安全帽，高处作业人员必须佩戴安全带，系牢后，高挂低用。作业前，检查使用的工具是否牢固，钉子必须放在工具袋内。

（3）高处、复杂结构模板安装，事先应有可靠的安全措施。模板及其支撑系统安装时，必须设临时固定设施，严防倾覆。

（4）两人抬运模板时，应相互配合，协同工作。传递模板、工具时，应用运输工具或绳索系牢后升降，不得乱抛。

（5）当模板高度大于5m以上时，应搭脚手架，设防护栏，禁止上下在同一垂直面操作。

（6）模板支撑、牵杠等不得搭在门窗框或脚手架上。通路中间的斜撑、拉杆等应设在

1.8°以上。

（7）支柱装完，应沿横向、纵向加设水平撑和垂直剪刀撑，并与支柱固定牢。当支柱高度小于4°时，水平撑应设上下两道，中间加设剪刀撑，支柱每增高2m，再加一道水平撑，其间再加一道剪刀撑。

（8）支模过程中，如中途停歇，应将支撑，搭头、柱头板等钉牢。

（9）在构筑物安装上层模板及其支架时，下层结构强度达到承受上层模板、支撑和浇筑混凝土重量时，方可进行上层支模作业，否则下层结构支撑不得拆除，同时上下支柱应在同一垂直线上。

（10）模板顶撑排列必须符合施工荷载要求，遇地下室吊装、地下室顶模板等，支撑应考虑大型机械行走因素。每平方米支撑数必须符合荷载要求。

（11）支设3m以上立柱模板和梁模板时，应搭设工作台，3m以下的，可用马凳脚手。

（12）不准站在柱模板上作业和在梁底模上行走，不得用拉杆、支撑攀登上下。不得在脚手架上堆放大量模板材料。

（13）遇6级以上大风或雨、雪等恶劣天气时，应停止室外高处作业。在雨、雪、霜天气后，应先清扫施工现场，略干不滑时，方可进行作业。

5.2.6.3 模板拆除

（1）作业人员必须戴好安全帽，高处作业人员必须系好安全带，高挂低用。作业前，检查使用的工具是否牢固，工具应系挂在身上。

（2）高处、复杂结构模板的拆除，应有切实可靠的安全措施。拆除现场应标出作业禁区，有专人指挥。作业区内，禁止非操作人员入内。

（3）拆除模板一般用长撬杠，禁止作业人员站在正拆除的模板上。拆模时，临时脚手架必须牢固，不得用拆下的模板做脚手架。

（4）拆除楼板模板时，应注意整块模板掉下，尤其是用定型模板作平台模板时，拆模人员应站在门窗口外拉支撑，防止模板突然全部掉落伤人。

（5）拆基础及地下工程模板时，应先检查基坑土壁状况，如有不安全因素，必须采取安全措施后，方可作业。拆除的模板和支撑件不得在基坑上1.5m以内堆放，应随拆随运走。

（6）拆除高而窄的预制构件模板时，应随时加设支撑将构件支稳，防止构件倾倒伤人。

（7）拆模时，应逐块拆卸，不得成片松动、撬落或拉弯，严禁作业人员在同一垂直面上同时操作。严禁站在悬臂结构上敲拆底模。

（8）混凝土板有预留孔洞时，拆模后，应随时在其周围做好安全护栏，或用板将孔洞盖住。

（9）拆模必须一次性拆清，不得留有无撑模板。已拆除的模板、拉杆、支撑等应及时运走或堆放整齐，防止钉子扎脚或人员因扶空、踏空而坠落。

（10）拆模间歇时，应将已活动的模板、拉杆、支撑等固定牢，防止其突然掉落伤人。

（11）拆4m以上模板时，应搭脚手架或工作台，并设防护栏杆。

（12）遇6级以上大风或雨、雪等恶劣天气时，应停止室外高处作业。在雨、雪、霜天气后，应先清扫施工现场，不滑时方可作业。

5.2.7　职业活动训练

（1）参观附近的在建工地，直观感受楼梯模板施工的全过程，加深学生对楼梯模板施工的认识。

（2）在学院的校内实训场，利用组合钢模板进行楼梯模板的安装、检测、拆除的实训，加深学生对楼梯模板施工的认识。

学习情境6　基础模板工程施工与组织

学习单元6.1　基础70mm型钢模板的配置

6.1.1　学习目标

（1）熟悉基础的分类及各类基础的特点。

（2）能利用70mm型钢模板对基础进行模板配置。

（3）能合理选定基础模板的支撑体系。

（4）锻炼团队合作、分析问题、解决问题的能力。

6.1.2　学习任务

（1）识读基础模板施工图。

（2）70mm型钢模板基础知识。

（3）70mm型钢模板支撑体系基础知识。

（4）70mm型钢模板连接件基础知识。

（5）基础模板配置的原则、方法、步骤、要点等。

6.1.3　学习内容

（1）70mm型钢模板。

（2）70mm型钢模板支撑体系。

（3）70mm型钢模板的连接件。

（4）70mm型钢模板的配置。

6.1.4　任务描述

通过钢筋混凝土基础这一载体，介绍70mm型钢模板配置的基本方法、步骤及要点，使学生掌握70mm型钢模板配置的基本技能。

6.1.5　任务实施

6.1.5.1　基础分类

1. 按所用材料分

（1）砖基础。是用砖和水泥砂浆砌筑而成的基础。

（2）毛石基础。是用开采的无规则的块石和水泥砂浆砌筑而成的基础。

（3）灰土基础。是由石灰与黏土按一定比例拌和，加水夯实而成的基础。

（4）混凝土基础。是由混凝土拌制后灌筑而成的基础。

（5）钢筋混凝土基础。是在混凝土中加入抗拉强度很高的钢筋，使这种基础具有较高的抗弯抗拉能力。

2. 按基础的外形分

（1）条形基础。这种基础多为墙基础，沿墙体长方向是连续的。

（2）独立基础。这种基础主要为独立柱下的基础，有平台式和坡面式。

（3）杯形基础。多为预制柱下基础。

（4）筏形基础。筏形基础像水中漂流的木筏。井格式基础下又用钢筋混凝土板连成一片，大大地增加了建筑物基础与地基的接触面积，适合于软弱地基和上部荷载比较大的建筑物。

（5）箱形基础。箱形基础是由钢筋混凝土的顶板、底板和纵横承重隔板组成的整体式基础。适用于软弱地基和上部荷载比较大的建筑物。具有很大的整体强度和刚度。该基础施工难度大，造价高。多用于高层建筑，另外可兼作地下室。

（6）桩基础。工程实践中，建筑物上部结构荷载很大、地基软弱土层较厚、对沉降量限制要求较严的建筑物或对围护结构等几乎不允许出现裂缝的建筑物，往往采用桩基础。桩基础可以节省基础材料，减少土方工程量，改善劳动条件，缩短工期。

几种基础形式如图 6.1 所示。

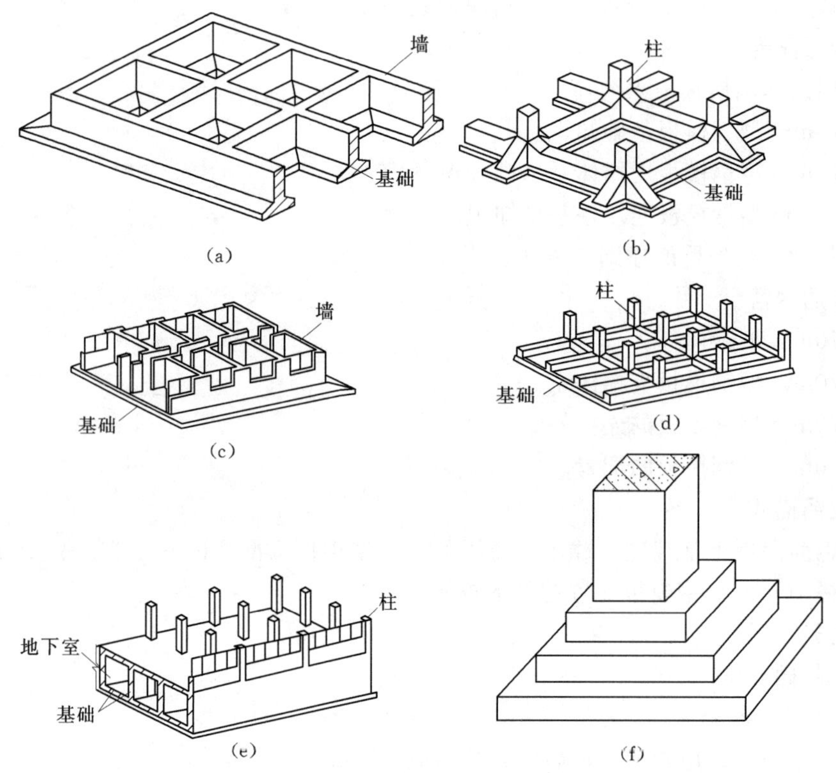

图 6.1 基础形式

（a）墙下条形基础；（b）柱下条形基础；（c）板式基础；（d）梁板式基础；（e）箱形基础；（f）柱下独立基础

6.1.5.2 模板配置

1. 配置前的准备工作

基础模板的施工设计，首先应按单位工程中不同断面尺寸和长度的基础及所需配制模板的数量作出统计，并编号、列表。然后，再进行每一种规格的基础模板的施工设计，其具体步骤如下：

（1）依照断面尺寸选用宽度方向的模板规格组配方案并选用长（高）度方向的模板规格进行组配。

（2）根据施工条件，确定浇筑混凝土的最大压力。

（3）通过计算，选用基础模板支设方案。

（4）按照结构配制基础间水平撑和斜撑。

2. 模板配置内容

（1）绘制配板设计图、连接件和支承系统布置图，以及细部结构、异形模板和特殊部位详图。

（2）根据结构构造形式和施工条件，对模板和支承系统等进行力学验算。

（3）制定模板及配件的周转使用计划，编制模板和配件的规格、品种与数量明细表。

（4）制定模板安装和拆模工艺以及技术安全措施。

3. 模板配置应遵守的规定

（1）要保证构件的形状尺寸及相互位置的正确。

（2）要使模板具有足够的强度、刚度和稳定性，能够承受新浇混凝土的重量和侧压力以及各种施工荷载。

（3）力求构造简单，装拆方便，不妨碍钢筋绑扎，保证混凝土浇筑时不漏浆。柱、梁墙、板的各种模板面的交接部分，应采用连接简便、结构牢固的专用模板。

（4）配制的模板，应优先选用通用、大块模板，使其种类和块数最小，木模镶拼量最少。设置对拉螺栓的模板，为了减少钢模板的钻孔损耗，可在螺栓部位改用55mm×100mm刨光方木代替，或应使钻孔的模板能多次周转使用。

（5）相邻钢模板的边肋，都应用U形卡插卡牢固，U形卡的间距不应大于300mm，端头接缝上的卡孔，也应插上U形卡或L形插销。

（6）模板长向拼接宜采用错开布置，以增加模板的整体刚度。

（7）模板的支承系统应根据模板的荷载和部件的刚度进行布置：

1）内钢楞应与钢模板的长度方向相垂直，直接承受钢模板传递的荷载。外钢楞应与内钢楞互相垂直，承受内钢楞传来的荷载，用以加强钢模板结构的整体刚度，其规格不得小于内钢楞。

2）内钢楞悬挑部分的端部挠度应与跨中挠度大致相同，悬挑长度不宜大于400mm，支柱应着力在外钢楞上。

3）一般柱、梁模板宜采用柱箍和梁卡具作支承件。断面较大的柱、梁，宜用对拉螺栓和钢楞及拉杆。

4）模板端缝齐平布置时，一般每块钢模板应有两处钢楞支承。错开布置时，其间距可不受端缝位置的限制。

5）在同一工程中可多次使用的预组装模板，宜采用模板与支承系统连成整体的模架。

6）支承系统应经过设计计算，保证具有足够的强度和稳定性。当支柱或其节间的长细比大于110时，应按临界荷载进行核算，安全系数可取3～3.5。

7）对于连续形式或排架形式的支柱，应适当配置水平撑与剪刀撑，以保证其稳定性。

（8）模板的配板设计应绘制配板图，标出钢模板的位置、规格、型号和数量。预组装大模板，应标绘出其分界线。预埋件和预留孔洞的位置，应在配板图上标明，并注明固定方法。

4. 配置步骤

（1）根据施工组织设计对施工区段的划分、施工工期和流水段的安排，首先明确需要配制模板的层段数量。

（2）根据工程情况和现场施工条件，决定模板的组装方法。

（3）根据已确定配模的层段数量，按照施工图纸中梁、柱、墙、板等构件尺寸，进行模板组配设计。

（4）明确支撑系统的布置、连接和固定方法。

（5）进行夹箍和支撑件等的设计计算和选配工作。

（6）确定预埋件的固定方法、管线埋设方法以及特殊部位（如预留孔洞等）的处理方法。

（7）根据所需钢模板、连接件、支撑及架设工具等列出统计表，以便备料。

6.1.5.3 基础的配板设计

混凝土基础中箱形基础、筏板基础等是由厚大的底板、墙、柱和顶板所组成，可以参照柱、墙、楼板的模板进行配板设计。本情境主要介绍条形基础、独立基础和大体积设备基础的配板设计。

6.1.5.3.1 组合特点

基础模板的配制有以下特点：

（1）一般配模为竖向，且配板高度可以高出混凝土浇筑表面，所以有较大的灵活性。

（2）模板高度方向如用两块以上模板组拼时，一般应用竖向钢楞连固，其接缝齐平布置时，竖楞间距宜为750mm；当接缝错开布置时，竖楞间距最大可为1200mm。

（3）基础模板由于可以在基槽设置锚固桩作支撑，所以可以不用或少用对拉螺栓。

（4）高度小于1400mm的侧模，其竖楞的拉筋或支撑可按最大侧压力和竖楞间距计算竖楞上的总荷载布置，竖楞可采用$\phi48\times3.5$mm钢管。高度大于1500mm的侧模，可按墙体模板进行设计配模。

6.1.5.3.2 条形基础

条形基础模板两边侧模，一般可横向配置，模板下端外侧用通长横楞连固，并与预先埋设的锚固件楔紧。竖楞用$\phi48\times3.5$mm钢管，用U形钩与模板固连。竖楞上端可对拉固定，如图6.2（a）所示。

阶形基础，可分次支模。当基础大放脚不厚时，可采用斜撑，如图6.2（b）所示；当基础大放脚较厚时，应按计算设置对拉螺栓，如图6.2（c）所示，上部模板可用工具式梁卡固定，亦可用钢管吊架固定。

6.1.5.3.3 独立基础

独立基础为各自分开的基础，有的带地梁，有的不带地梁，多数为台阶式，如图6.3所示，其模板布置与单阶基础基本相同。但是，上阶模板应搁置在下阶模板上，各阶模板的相对位置要固定结实，以免浇筑混凝土时模板位移。杯形基础的芯模可用楔形木条与钢模板组合。

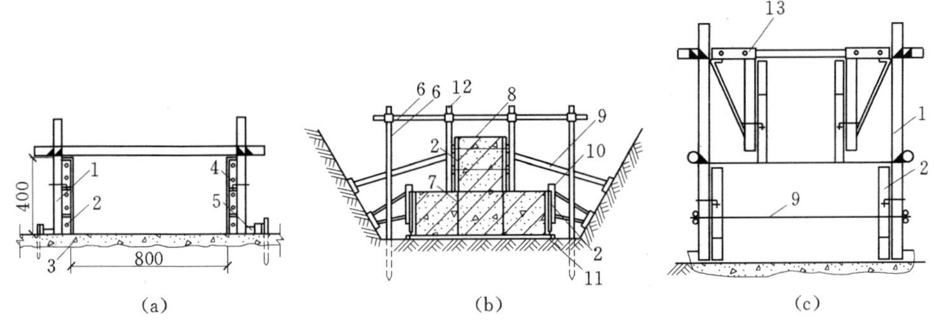

图6.2　条（阶）形基础支模示意图

(a) 竖楞上端对拉固定；(b) 斜撑；(c) 对拉螺栓

1—竖楞；2—钢模板；3—垫层；4—U形钩；5—横楞；6—钢管；7—钢筋架；8—对拉螺栓；9—斜撑；10—斜托架；11—素混凝土垫层；12—吊架；13—工具式梁卡

(1) 各台阶的模板用角模连接成方框，模板宜横排，不足部分改用竖排组拼。

(2) 竖楞间距可根据最大侧压力经计算选定。竖楞可采用ϕ48×3.5mm钢管。

(3) 横楞可采用ϕ48×3.5mm钢管，四角交点用钢管扣件连接固定。

(4) 上台阶的模板可用抬杠固定在下台阶模板上，抬扛可用钢楞。

(5) 最下一层台阶模板，最好在基底上设锚固桩支撑。

6.1.5.3.4　筏板基础、箱形基础和设备基础

(1) 模板一般宜横排，接缝错开布置。当高度符合主钢模板块时，模板亦可竖排。

(2) 支承钢模的内、外楞和拉筋、支撑的间距，可根据混凝土对模板的侧压力和施工荷载通过计算确定。

(3) 筏板基础宜采取底板与上部地梁分开施工、分次支模，如图6.4 (a) 所示。当设计要求底板与地梁一次浇筑时，梁模要采取支垫和临时支撑措施。

(4) 箱形基础一般采用底板先支模施工。要特别注意对施工缝止水带及对拉螺栓的处理，一般不宜采用可回收的对拉螺栓，如图6.4 (b) 所示。

(5) 大型设备基础侧模的固定方法，可以采用对拉方式，如图6.4 (c) 所示，亦可采用支拉方式，如图6.4 (d) 所示。

厚壁内设沟道的大型设备基础，配模方式参见图6.4 (e)。

6.1.5.3.5　工艺要点

1. 条形基础

根据基础边线就地组拼模板。将基槽土壁修整后用短木方将钢模板支撑在土壁上，然后在基槽两侧地坪上打入钢管锚固桩，搭钢管吊架，使吊架保持水平，用线锤将基础中心引测到水平杆上，按中心线安装模板，用钢管、扣件将模板固定在吊架上，用支撑拉紧模板，如图6.2 (b) 所示，亦可采用工具式梁卡支模，如图6.2 (c) 所示。

施工注意事项：

1) 模板支撑于土壁时，必须将松土清除修平，并加设垫板。

2) 为了保证基础宽度，防止两侧模板位移，宜在两侧模板间相隔一定距离加设临时

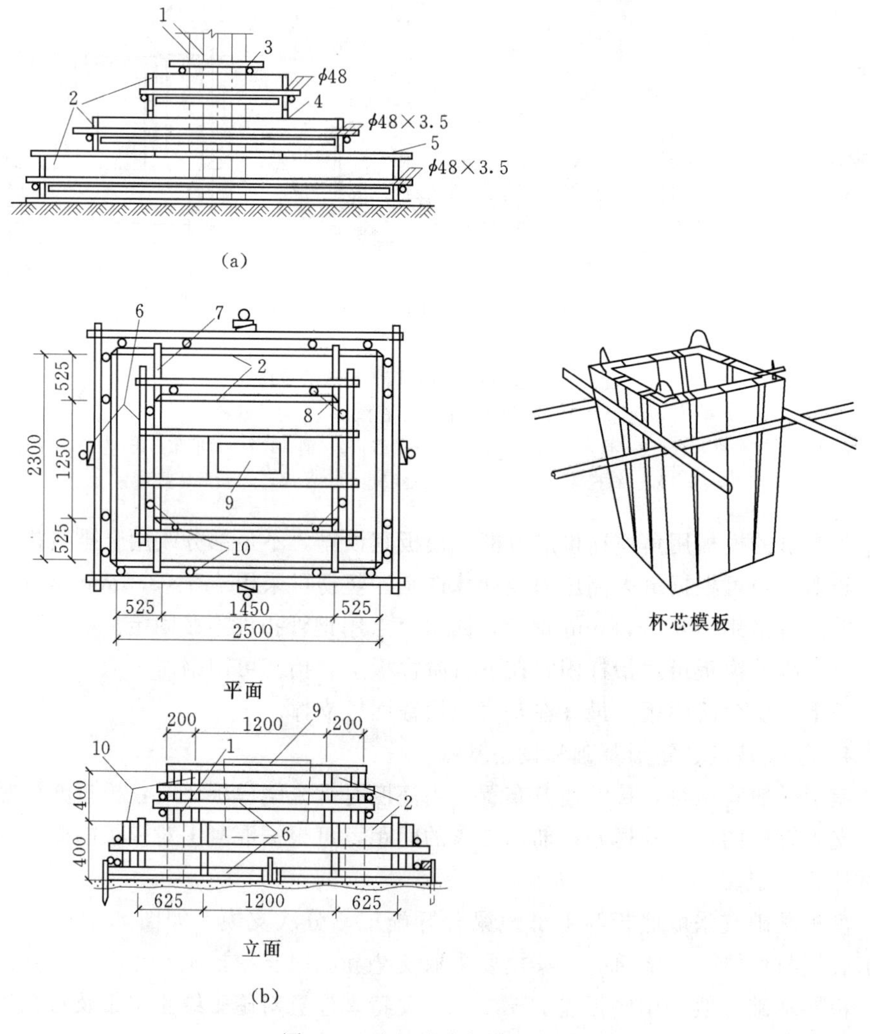

图 6.3　独立基础支模示意图

(a) 现浇柱独立基础；(b) 杯形基础

1—柱子钢筋；2—钢模板；3—钢筋定位；4—横杆［8 或钢模板；5—横杆［8；6—横楞；7—抬杆；8—钢筋支架；9—杯芯模板；10—竖楞

木条支撑，浇筑混凝土时拆除。

2. 杯形基础

第一层台阶模板可用角模将四侧模板连成整体，四周用短木方撑于土壁上；第二层台阶模板可直接搁置在混凝土垫块（图 6.5）上，也可参照条形基础采用钢管支架吊设。杯口模板可采用在杯口钢模板四角加设四根有一定锥度的方木，或在四角阴角模与平模间嵌上一块楔形木条，使杯口模形成锥度，如图 6.3（b）所示。

施工注意事项：

（1）侧模斜撑与侧模夹角不宜小于 45°。

（2）为了防止浇筑混凝土时杯口模板上浮和杯口落入混凝土，宜在杯口模板上加设压重，并将杯口临时遮盖。

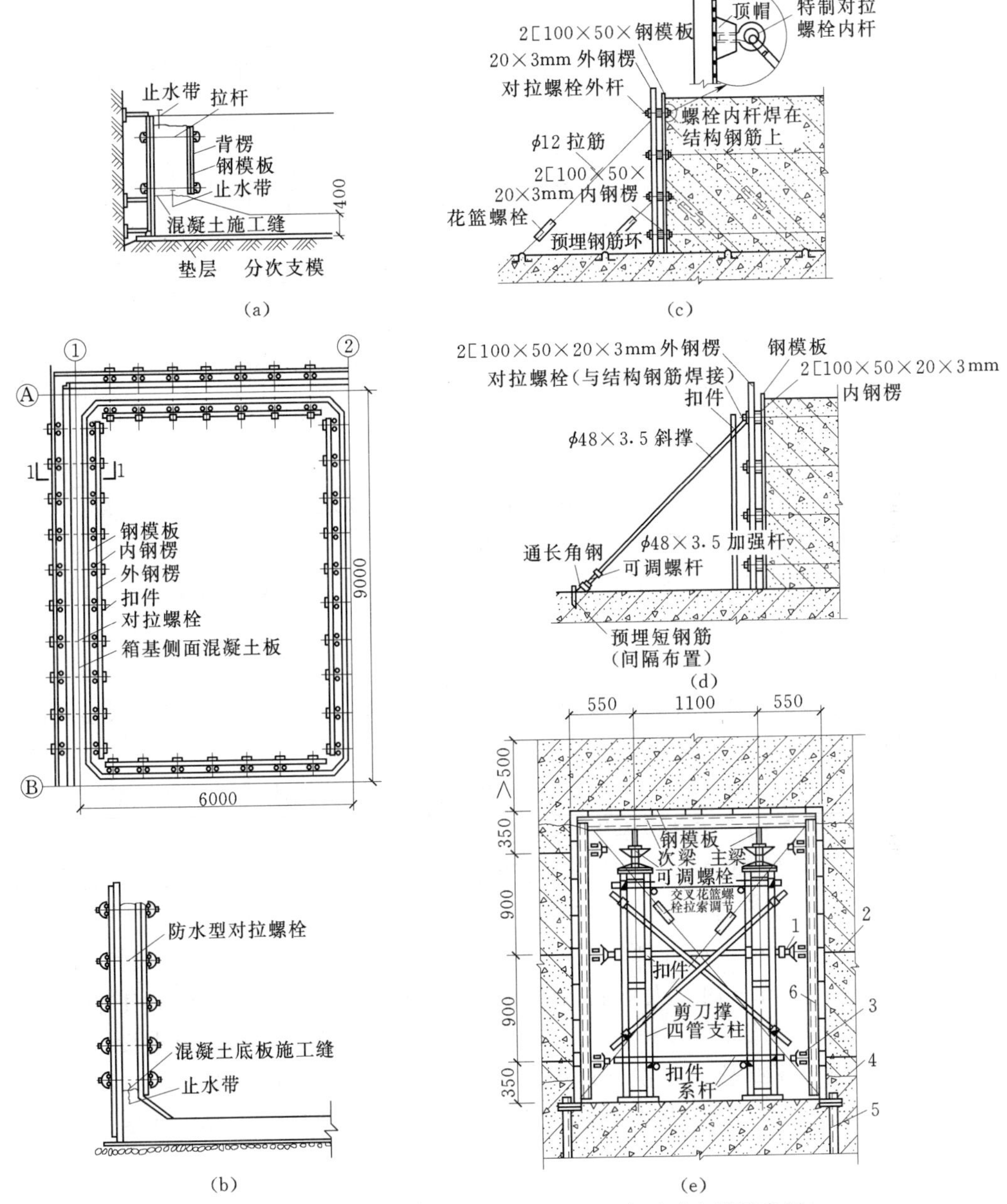

图 6.4 筏板基础、箱形基础和大型设备基础支模示意图

(a) 筏板基础底板与上部地梁分次支模图；(b) 箱板基础施工缝止水带及对拉螺栓的处理；(c) 大型设备基础侧模的对拉方式；(d) 大型设备基础侧模的支拉方式；(e) 大型设备内设沟道配模方式

1—单管横向支杆，两头设可调千斤顶；2—对拉螺栓；3—2[100×50×20×3mm 外楞；4—施工缝；5—模板支承架；6—2[100×50×20×3mm 内楞

3. 独立基础

就地拼装各侧模板，并用支撑撑于土壁上。搭设柱模井字架，使立杆下端固定在基础模板外侧，用水平仪找平井字架水平杆后，先将第一块柱模用扣件固定在水平杆上，同时搁置在混凝土垫块上。然后按单块柱模组拼方法组拼柱模，直至柱顶（图 6.6）。

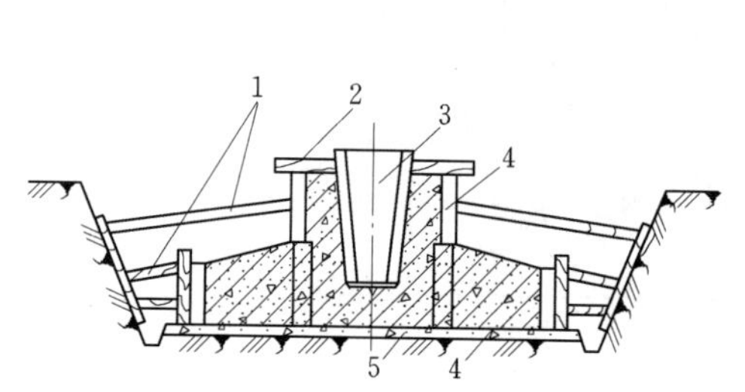

图 6.5　杯形基础模板

1—支撑；2—轿杠；3—杯口模板；4—钢模板；5—混凝土垫块

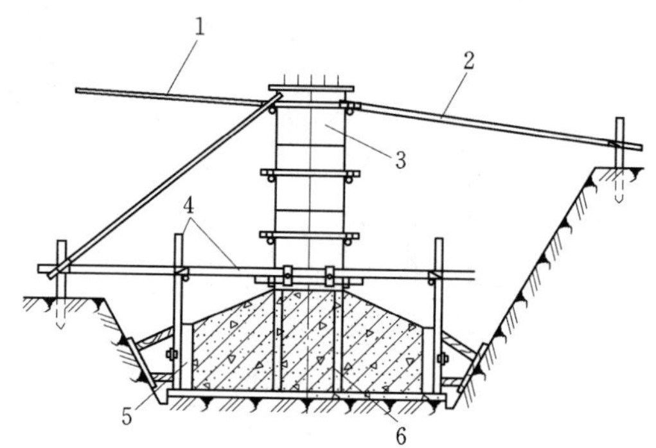

图 6.6　独立柱基模板

1—与邻柱连接；2—固定支撑；3—柱模板；4—钢管井字架；5—钢模板；6—垫块

施工注意事项：

(1) 基础短柱顶伸出的钢筋间距，更符合上段柱子的要求。

(2) 柱模板之间要用水平撑和斜撑连成整体。

(3) 基础短柱模板的U形卡不要一次上满，要等校正固定后再上满；安装过程中要随时检查对角线，防止柱模扭转。

4. 大体积基础

工业和民用建筑的大体积基础，多为筏形或箱形基础，埋置深，有抗渗防水要求，对模板支撑系统的强度、刚度和稳定性要求较高。

(1) 对于厚大墙体的模板，由于两侧模板相距较远，不易构成对拉条件，最好以钢管脚手为稳固结构，采用钢管扣件将模板与其连接固定。

(2) 对于不太厚的墙体模板，有条件设置对拉螺栓时，应优先采用组合式对拉螺栓。使用组合式对拉螺栓时应注意：先将内螺栓与尼龙帽事先对好，再根据墙截面尺寸安上内螺栓。立好钢模板后拧紧外螺栓，这样可以起到准确固定模内向尺寸的作用。但是，当墙厚小于500mm时，人不能在模板内拧紧内螺栓，因此要随时找正墙模，及时拧紧外螺栓；当墙厚大于500mm时，人可进入模板内操作，可在模板支设一定高度后，再成批地穿放拧紧螺栓。钢楞可选用［100×50×20×3mm、ϕ48×3.5mm和［80×40×3mm。为了防止模板的整体偏移，应设置一定数量的稳定支撑，如图6.7和图6.8所示。

(3) 基础的顶板往往与墙和基础形成整体，厚度较大，因此要根据空间、板厚和荷载情况选用不同的支顶方法。一般顶板厚度超过0.5m时，可采用四管支柱支顶（图6.9），间距在1500～2000mm。柱结系杆可采用ϕ48×3.5mm钢管。主次梁可采用型钢，其规格根据计算确定。

(4) 大型设备基础模板的支设，可参见图6.4（c）、（d）、（e）。

6.1.6　职业活动训练

(1) 阅读某一工程的基础模板配置方案。

(2) 邀请施工企业的模板工长与学生互动，强化学生模板设计的基本能力。

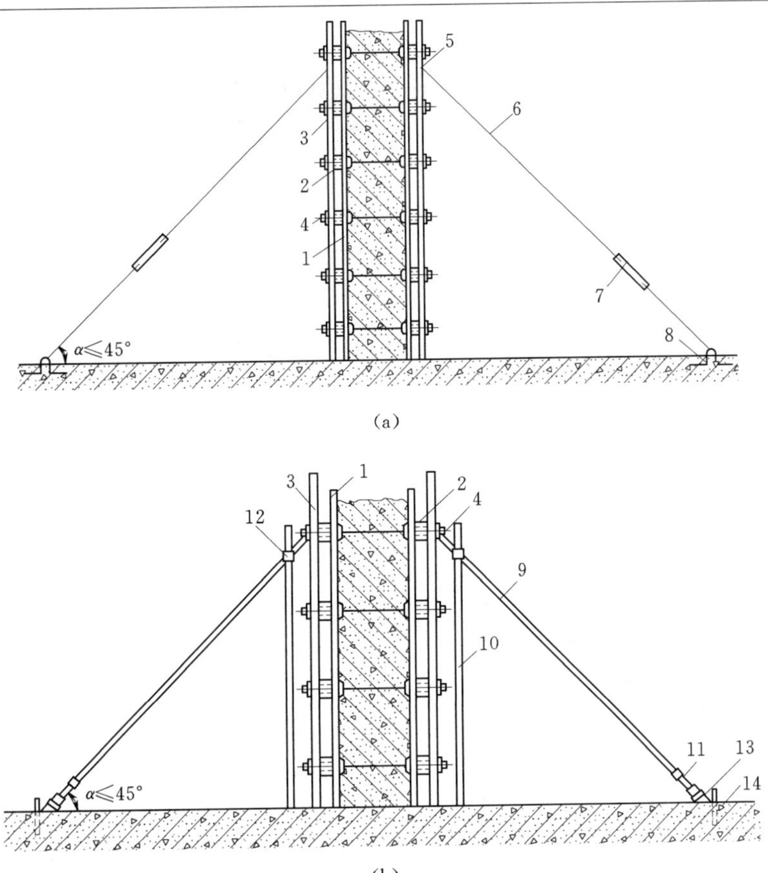

图 6.7 单墙模板支撑图

(a) 4m以上；(b) 4m以下

1—钢模板；2—内钢楞；3—外钢楞；4—对拉螺栓；5—此处钻 ϕ22孔，穿Φ20钢筋；6—拉筋做成1.2m标准节周使用（一端弯钩，一端圆环）；7—花篮螺栓；8—预埋钢筋环；9—斜撑钢管；10—加固杆（钢管）；11—可旋千斤顶；12—扣件；13—通长角钢；14—预埋短钢筋（间隔布置）

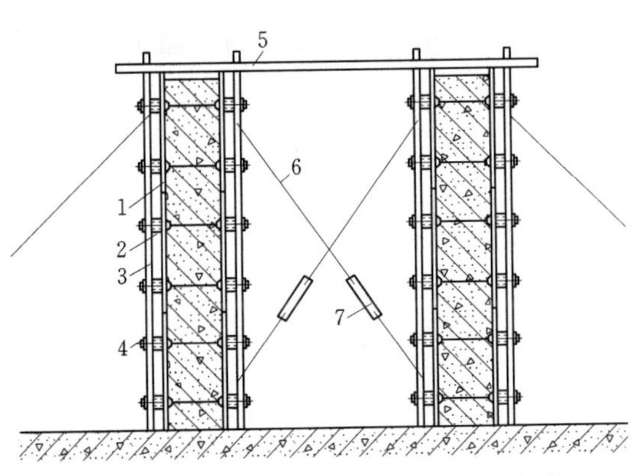

图 6.8 两近墙模板支撑图

1—钢模板；2—内钢楞；3—外钢楞；4—对位螺栓；5—水平连杆；6—拉筋；7—花篮螺栓

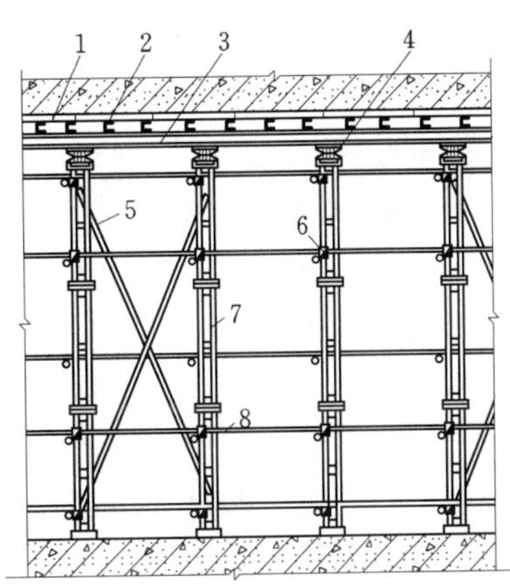

图 6.9 厚大基础顶板支模示意图

1—钢模板；2—次梁；3—主梁；4—可调螺杆；5—剪刀撑；6—扣件；7—四管支柱；8—系管

学习单元6.2　基础70mm型钢模板的安装、检测、拆除

6.2.1　学习目标

(1) 会依据基础模板配置图进行基础模板的安装。

(2) 能依据基础模板安装质量标准进行质量检测。

(3) 能根据基础模板拆除方案进行模板的拆除。

(4) 能对基础模板安装过程进行安全、技术、质量管理和控制。

(5) 锻炼组织能力、协调能力、管理能力。

6.2.2　学习任务

(1) 熟练使用模板安装的各种工具。

(2) 熟悉钢模板安装的工艺过程及安装工艺要点。

(3) 对钢模板安装质量检测并进行控制。

(4) 对施工现场进行合理的布置并进行管理。

6.2.3　学习内容

(1) 模板安装前的施工准备。

(2) 模板安装工具的使用。

(3) 模板安装工艺要点。

(4) 模板安装质量检测。

(5) 模板拆除工艺要点。

(6) 安全操作技术要求。

6.2.4　任务描述

完成学习单元6.1所配置的基础70mm型钢模板的安装、检测、拆除等施工，使学生掌握70mm型钢模板施工的基本技能，提高学生实际动手能力。

6.2.5　任务实施

6.2.5.1　模板安装前的准备工作、安装步骤及技术工艺要点

模板安装前的准备工作、安装步骤及技术工艺要点等均同55mm型钢模板，请参考55mm型钢模的基本内容，这里不再赘述。

6.2.5.2　模板安装及质量检测

1. 钢模板工程安装过程中应进行的质量检查和验收

钢模板工程安装过程中，应进行下列质量检查和验收：

(1) 钢模板的布局和施工顺序。

(2) 连接件、支承件的规格、质量和紧固情况。

(3) 支承着力点和模板结构整体稳定性。

(4) 模板轴线位置和标志。

(5) 竖向模板的垂直度和横向模板的侧向弯曲度。

(6) 模板的拼缝度和高低差。

(7) 预埋件和预留孔洞的规格数量及固定情况。

(8) 扣件规格与对拉螺栓、钢楞的配套和紧固情况。

(9) 支柱、斜撑的数量和着力点。

(10) 对拉螺栓、钢楞与支柱的间距。

(11) 各种预埋件和预留孔洞的固定情况。

(12) 模板结构的整体稳定。

(13) 有关安全措施。

2. 模板工程验收时应提供的文件

(1) 模板工程的施工设计或有关模板排列图及支承系统布置图。

(2) 模板工程质量检查记录及验收记录。

(3) 模板工程支模的重大问题及处理记录。

3. 模板安装的质量验收要求及其拆除

关于模板安装的质量验收要求（包括预埋件、预留孔洞的允许偏差、预组装模板安装的允许偏差等）以及模板的拆除，参见本教材其他情境的模板安装与拆除质量检验要求。

4. 施工安全要求

(1) 模板安装时，应切实做好安全工作，使其符合以下安全要求：

1) 模板上架设的电线和使用的电动工具，应采用 36V 的低压电源或采取其他有效的安全措施。

2) 登高作业时，各种配件应放在工具箱或工具袋中，严禁放在模板或脚手架上；各种工具应系挂在操作人员身上或放在工具袋内，不得掉落。

3) 高耸建筑施工时，应有防雷击措施。

4) 高空作业人员严禁攀登组合钢模板或脚手架等上下，也不得在高空的墙顶、独立梁及其模板等上面行走。

5) 模板的预留孔洞、电梯井口等处，应加盖或设置防护栏，必要时应在洞口处设置安全网。

6) 装拆模板时，上下应有人接应，随拆随运转，并应把活动部件固定牢靠，严禁堆放在脚手板上或抛掷。

7) 装拆模板时，必须采用稳固的登高工具，高度超过 3.5m 时，必须搭设脚手架。装拆施工时，除操作人员外，下面不得站人。高处作业时，操作人员应系挂安全带。

8) 安装墙、柱模板时，应随时支撑固定，防止倾覆。

9) 预拼装模板的安装，应边就位、边校正、边安设连接件，并加设临时支撑稳固。

10) 预拼装模板垂直吊运时，应采取两个以上的吊点；水平吊运应采取四个吊点。吊点应作受力计算，合理布置。

11) 预拼装模板应整体拆除。拆除时，先挂好吊索，然后拆除支撑及拼接两片模板的配件，待模板离开结构表面后再起吊。

12) 拆除承重模板时，必要时应先设立临时支撑，防止突然整块坍落。

(2) 模板的拆除时，应符合以下安全要求：

1) 模板拆除的顺序和方法，应按照配板设计的规定进行，遵循先支后拆，先非承重部位，后承重部位以及自上而下的原则。拆模时，严禁用大锤和撬棍硬砸硬撬。

2）先拆除侧面模板（混凝土强度大于1N/mm²），再拆除承重模板。

3）组合大模板宜大块整体拆除。

4）支承件和连接件应逐件拆卸，模板应逐块拆卸传递，拆除时不得损伤模板和混凝土。

5）拆下的模板和配件均应分类堆放整齐，附件应放在工具箱内。

6.2.5.3　模板拆除

拆除规定、拆除的顺序均同55mm型钢模板，请参考前述基本内容。

1. 模板的运输

（1）不同规格的钢模板不得混装混运。运输时，必须采取有效措施，防止模板滑动、倾倒。长途运输时，应采用简易集装箱，支承件应捆扎牢固，连接件应分类装箱。

（2）预组装模板运输时，应分隔垫实，支捆牢固，防止松动变形。

（3）装卸模板和配件应轻装轻卸，严禁抛掷，并应防止碰撞损坏。严禁用钢模板作其他非模板用途。

2. 模板的维修和保管

（1）钢模板和配件拆除后，应及时清除黏结的灰浆，对变形和损坏的模板和配件，宜采用机械整形和清理。钢模板及配件修复后的质量标准，见表6.1。

表6.1　钢模板及配件修复后的质量标准

项　　目		允许偏差（mm）
钢模板	板面平整度	≤2.0
	凸棱直线度	≤1.0
	边肋不直度	不得超过凸棱高度
配件	U形卡卡口残余变形	≤1.2
	钢楞和支柱不直度	≤L/1000

注　L为钢楞和支柱的长度。

（2）维修质量不合格的模板及配件，不得使用。

（3）对暂不使用的钢模板，板面应涂刷脱模剂或防锈油。背面油漆脱落处，应补刷防锈漆，焊缝开裂时应补焊，并按规格分类堆放。

（4）钢模板宜存放在室内或棚内，板底支垫离地面100mm以上。露天堆放，地面应平整坚实，有排水措施模板底支垫离地面200mm以上，两点距模板两端长度不大于模板长度的1/6。

（5）入库的配件，小件要装箱入袋，大件要按规格分类整数成垛堆放。

6.2.5.4　组合钢模板施工安全技术

（1）在高处安装模板，必须遵守高处作业的有关规定，作业应站在操作平台上进行，支模高度不足3m的，可使用马凳操作。工具应随手放入工具袋中。禁止站在柱模及模板支撑系统的水平杆件上作业。

(2) 不得在模板支撑系统构架和模板安装作业层上集中堆放模板及支撑材料等，模板及支撑材料应分散堆放并码平放稳，且不得堆放过高，不得堆放在通道、楼层及作业层临边和临近预留洞口处。临时搭设的操作平台上不宜堆放模板及支撑材料，应随用随拿。

(3) 两人抬运材料，应步伐一致；遇有拐弯、上下坡时，应放慢速度，前后照应。上下传递模板及支撑材料等，应有稳固的立脚点。上方与下方的作业人员不得在同一垂直方向上。用绳索捆扎、吊运模板、支撑材料时，应检查绳索及绳扣的强度。

(4) 上、下作业层和在作业层上行走及搬运材料等应走安全通道，不得在支撑系统的水平杆件及梁底模上行走，禁止攀登模板支撑系统架体和水平拉杆上下。

(5) 模板支撑系统的基础处理必须符合模板工程的专项安全施工组织设计（或方案）的要求，搭设模板支撑系统的场地必须平整坚实，回填土地面必须分层回填，逐层夯实，并做好排水，经验收达到设计要求后方可进行下一道工序的作业。当模板支撑系统搭设在结构的楼面、挑台上时，应对楼面或挑台等结构进行承载力验算。

(6) 采用木支撑系统支模时应遵守下列规定：

1) 模板支撑材料的材质和规格，应符合设计的要求，不得使用腐朽、扭裂、劈裂的材料。

2) 支撑立杆应当垂直，底端应平整坚实。立杆下必须设置符合设计要求的垫板。调整立杆高度的木必须钉牢，严禁支垫砖块等脆性材料。

3) 如支撑立杆需接长使用时，接长部位不得设在立杆下部，每根立杆接头不得超过一次；在同一平面上的立杆接头数不得超过立杆总数的25%且不得集中设置。每个接头搭接木不少于两根，搭接处必须平整、严密。

4) 支撑系统的纵、横水平拉杆和水平、垂直剪刀撑的设置必须符合模板工程的专项安全施工组织设计（或方案）及安全技术书面交底的要求。

(7) 采用扣件式钢管脚手架或门式钢管脚手架作模板支撑时应遵守下列规定：

1) 支撑系统的搭设必须符合模板工程专项安全施工组织设计（或方案）的要求并符合《建筑施工扣件式钢管脚手架安全技术规范》(JGJ 130—2001)、《建筑施工门式钢管脚手架安全技术规范》(JGJ 128—2000) 的有关规定，经验收合格后，方可进行下一道工序的作业。

2) 应严格按照模板工程专项安全施工组织设计（或方案）及《建筑施工扣件式钢管脚手架安全技术规范》(JGJ 130—2001)、《建筑施工门式钢管脚手架安全技术规范》(JGJ 128—2000) 的有关规定，对所使用的构配件进行严格检查，严禁不合格的构配件投入使用。

3) 扣件安装除应符合设计的要求外，并应符合《建筑施工扣件式钢管脚手架安全技术规范》(JGJ 130—2001) 的有关规定，连接扣件和防滑扣件应检查其螺栓扭力矩是否符合设计要求。

4) 支撑系统搭设完毕，施工负责人必须组织有关人员对模板支撑系统进行验收，合格后方可进入下一道工序。

(8) 采用桁架支模应遵守下列规定：

1）应对桁架进行严格检查，发现严重变形、螺栓松动等应及时修复或向有关负责人报告。

2）桁架的搁置长度不得少于120mm，桁架间应设水平拉条；梁下设置单桁架时，应与毗邻的桁架拉连稳固。

（9）采用其他支模系统支模，应严格遵守模板工程专项安全施工组织设计（或方案）、支模工程的安全技术书面交底及有关的标准、规范，严禁违章作业。

（10）模板的支撑系统不得与外脚手架或门、窗框等连接。

（11）模板安装应按工序自下而上进行，模板就位后应及时连接固定，同一道墙（梁）两侧模板应同时组合，以确保模板安装时的稳定。连接钢模的U形卡应正反交替安装。模板未固定前不得进行下道工序。

（12）模板安装作业过程中，如需中途休息或因故暂停作业，应将模板、支撑及木楞等固定牢靠模板拆除。

1）拆除模板作业应在有关拆模的安全防护措施已经落实并履行模板拆除申请审批手续后方可进行。

2）在高处进行拆除模板作业，必须遵守高处作业及有关标准、规范的有关规定。拆除3m以上模板时，必须搭设符合要求的脚手架或操作平台，并设防护栏杆。

3）拆除模板作业时应按顺序分段进行，严禁猛撬、硬砸或大面积撬落和拉倒。钢模板拆除时，U形卡和L形插销应逐个拆卸，模板应单块拆除。

4）休息或下班时，不得留下松动和悬挂着的模板。拆下的模板应及时传递至地面，并运送到指定地点集中堆放，木模板应拔除钉子，防止钉子扎脚。

5）严禁上下同时进行模板拆除作业。严禁站在悬臂结构上敲拆底模。拆除临边处的柱、梁、墙板时，使用撬杠严禁向外用力。

6）拆除薄腹梁、吊车梁、桁架等预制构件模板，应随拆随加顶撑支牢，防止构件倾倒。

6.2.5.5　模板工程材料用量计算

1. 现浇混凝土基础工程模板面积计算

现浇混凝土基础模板工程量按不同模板材料、支撑材料，以基础混凝土与模板的接触面积计算。

（1）带形基础按基础各阶两侧面面积计算。

（2）独立基础按基础各阶四侧面面积计算。

（3）杯形基础按基础各阶四侧面面积及杯口四侧面面积之和计算。

（4）满堂基础按底板四周侧面面积及底梁侧面面积之和计算。

（5）设备基础按基础块体侧面面积之和计算。

（6）设备基础螺栓套工程量按不同长度，以螺栓套的个数计算。

（7）基础垫层按垫层四周侧面面积计算。

（8）挖孔桩井壁按井壁内侧面面积计算。

（9）桩承台按承台四周侧面面积计算。

2. 各类基础每立方米混凝土所需模板面积

各类基础每立方米混凝土所需模板面积见表 6.2。

表 6.2 各类基础每立方米混凝土所需模板面积

构件名称	规格尺寸	模板面积（m^2）	构件名称	规格尺寸（m^3）	模板面积（m^2）
带形基础		2.16	设备基础	<5	2.91
独立基础		1.76	设备基础	<20	2.23
满堂基础	无梁	0.26	设备基础	<100	1.50
满堂基础	有梁	1.52	设备基础	>100	0.80

6.2.6 学习与提高

70mm 组合钢模板及早拆支撑体系，是根据我国目前建筑模板状况，研究开发的一种比 55mm 型组合钢模板刚度大、整体性好的新产品，这项技术成果已列为国家自然科学基金委员会重点推广项目，国家火炬计划优秀项目。

70mm 组合钢模板体系包括散支散拆和组合式整体大墙模板。楼（顶）板早拆支撑体系模板，单轴和三轴铰链筒模，以及元柱箍可变截面柱模等。统称为 70mm 组合钢模板及早拆支撑体系。

70mm 组合钢模板由模板块、连接件、配件及早拆支撑系统组成。

6.2.6.1 70mm 模板块系

6.2.6.1.1 钢模板块

全部采用厚度为 2.75～3mm 的优质薄钢板制成（图 6.10）：四周边肋呈 L 形，肋高为 70mm，弯边宽度为 20mm；模板块内侧，每 300mm 设一条横肋，每 150～200mm 设一条纵肋。模板边肋及纵横肋上的连接孔为碟形，孔距为 50mm，采用板销连接，也可以用一对楔板或螺栓连接。

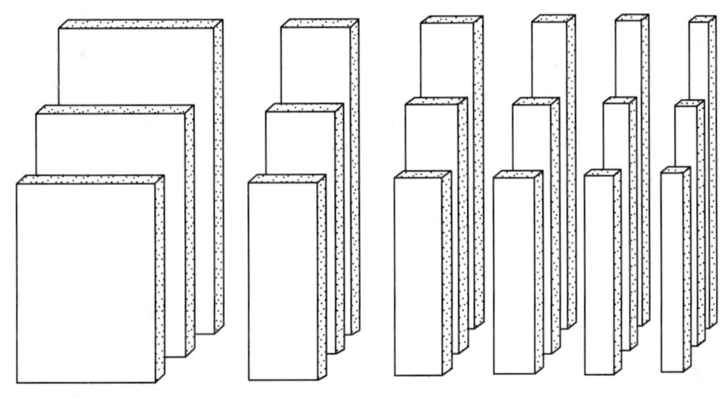

图 6.10 70mm 平面模板块示意图（一）

平面模板块的规格，标准块的宽度分 300mm 和 600mm 两种，非标准块的宽度分 250mm、200mm、150mm、100mm 四种，标准长度分 1500mm、1200mm、900mm 三种，总共 18 种规格（图 6.11）。其代号、规格、有效面积、重量详见表 6.3。

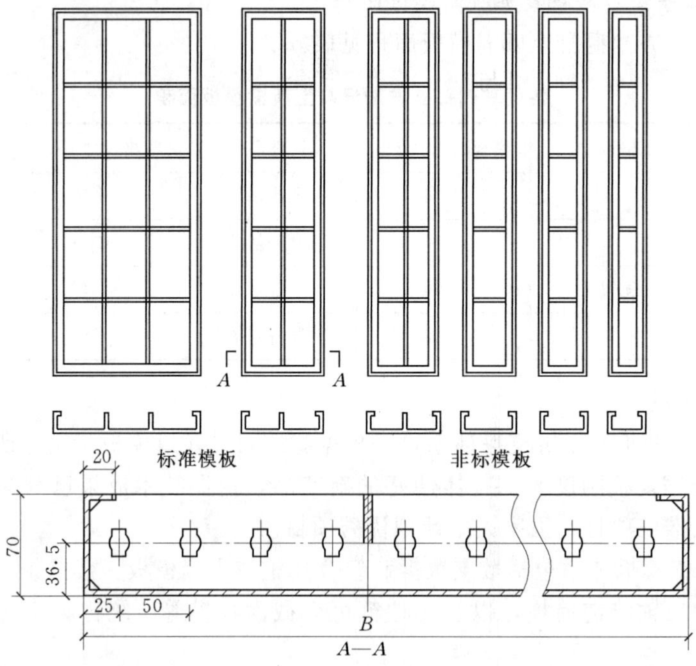

图 6.11 70mm 平面模板块示意图（二）

表 6.3 **70mm 组合钢模平面模板块规格一览表**

代　号	规　格 宽×长（mm×mm）	有效面积（m^2）	重　量（kg）	
			δ=3mm	δ=2.75mm
7P6009	600×900	0.54	23.28	21.34
7P6012	600×1200	0.72	30.61	28.06
7P6015	600×1500	0.90	37.92	34.76
7P3009	300×900	0.27	13.42	12.30
7P3012	300×1200	0.36	17.67	16.20
7P3015	300×1500	0.45	21.93	20.10
7P2509	250×900	0.225	11.16	10.23
7P2512	250×1200	0.30	14.76	13.53
7P2515	250×1500	0.375	18.35	16.82
7P2009	200×900	0.18	8.38	7.68
7P2012	200×1200	0.24	11.07	10.15
7P2015	200×1500	0.30	13.78	12.63
7P1509	150×900	0.135	6.97	6.39
7P1512	150×1200	0.18	9.23	8.46
7P1515	150×1500	0.225	11.48	10.52
7P1009	100×900	0.09	5.61	5.14
7P1012	100×1200	0.12	7.43	6.81
7P1015	100×1500	0.15	9.26	8.49

注 7P 指 70mm 高边肋平面模板块；60 指板面宽度（60 代表 60mm）；09 指模板长度（09 代表 900mm）。

6.2.6.1.2　角模、连接角钢、调节板

（1）阴角模。用于墙的内角，翼宽为150mm×150mm，长度分1500mm、1200mm、900mm三种［图6.12（a）］，可与模板块、连接角钢、调节板拼装，其代号、规格、有效面积、重量详见表6.4。

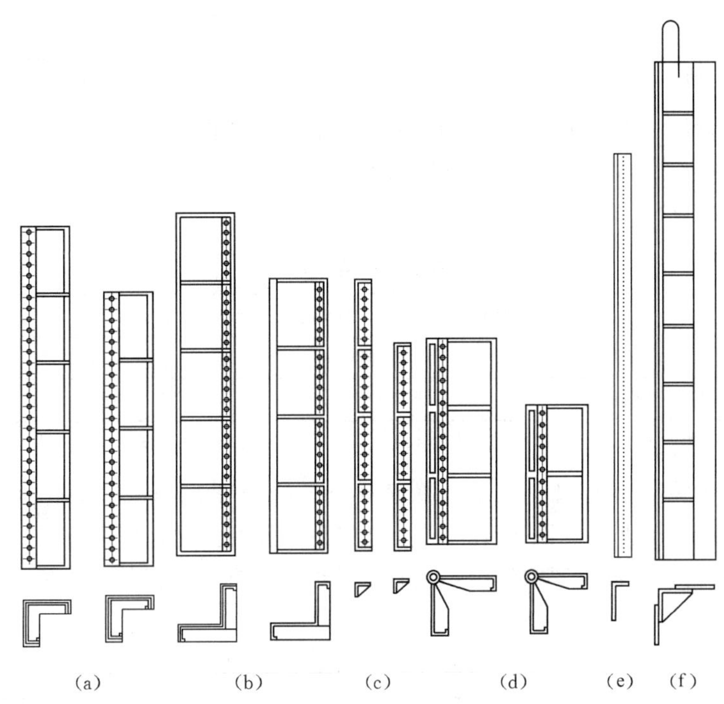

图6.12　角模、连接角钢、调节板示意图
（a）阴角模；（b）阳角模；（c）连接角钢；（d）铰链角模；（e）L形调节板；（f）可调阴角模

表6.4　阴角模规格一览表

名　称	代　号	规　格（mm×mm×mm）	有效面积（m^2）	重量（kg）	
				δ=3mm	δ=2.75mm
阴角模	7E1509	150×150×900	0.27	11.06	10.14
	7E1512	150×150×1200	0.36	14.64	13.42
	7E1515	150×150×1500	0.45	18.20	16.69

注　7E指70mm边肋高阴角模；15指角模翼宽（15代表150mm）；09指角模长度（09代表900mm）。

（2）阳角模。用于墙的外角，翼宽为150mm×150mm，长度分1500mm、1200mm、900mm三种［图6.12（b）］可与模板块、连接角钢、调节板拼装，其代号、规格、有效面积、重量详见表6.5。

表 6.5 阳角模规格一览表

名　称	代　号	规　格（mm×mm×mm）	有效面积（m^2）	重　量　(kg)	
				δ=3mm	δ=2.75mm
阳角模	7Y1509	150×150×900	0.27	11.62	10.65
	7Y1512	150×150×1200	0.36	15.30	14.07
	7Y1515	150×150×1500	0.45	19.00	17.49

注　7Y 指 70mm 边肋高阳角模；15 指角模翼宽（15 代表 150mm）；09 指角模长度（09 代表 900mm）。

（3）铰链角模。用于电梯井筒模阴角，翼宽为 150mm×150mm，长度分 900mm、600mm 两种［图 6.12（d）］可与模板块拼装，由铰链角模角度可变，利于拆模。其代号、规格、有效面积、重量详见表 6.6。

表 6.6 铰链角模规格一览表

名　称	代　号	规格（mm×mm×mm）	有效面积（m^2）	重量（kg）
铰链角模	7L1506	150×150×600	0.18	11.00（δ=4～5mm）
	7L1509	150×150×900	0.27	16.38（δ=4～5mm）

注　7L 指 70mm 边肋高铰链角模；15 指角模翼宽（15 代表 150mm）；06 指角模长度（06 代表 600mm）。

（4）可调阴角模。用于墙的阴角，翼宽为 180mm×180mm，可调量为 100mm，长度分 3000mm、2700mm 两种［图 6.12（f）］可与平面大模板配合使用，两翼分别与两块平模搭接，可起到调节模板长度的作用，也利于模板的支拆。其代号、规格、有效面积、重量详见表 6.7。

表 6.7 可调阴角模规格一览表

名　称	代　号	规格（mm×mm×mm）	有效面积（m^2）	重量（kg）
可调阴角模	TE2827	280×280×2700	1.35	63.00（δ=4mm）
	TE2830	280×280×3000	1.50	70.00（δ=4mm）

注　TE 指可调阴角模；28 指角模翼宽（28 代表 280mm）；27 指角模长度（27 代表 2700mm）。

（5）L 形调节板。用于两块模板（平模与阴角模、平模与平模）的连接处，一翼翼宽为 74mm，另一翼翼宽分别为 130mm 或 80mm，长度分 3000mm 和 2700mm 两种，总共四种规格［图 6.12（e）］，调节板的一翼与其中一块模板连接，一翼与另一块模板搭接，可起到调节模板长度的作用，也利于模板的支拆。其代号、规格、有效面积、重量详见表 6.8。

表 6.8 L 形调节板规格一览表

名　称	代　号	规格（mm×mm×mm）	有效面积（m^2）	重量（kg）
L 形调节板	7T0827	74×80×2700	0.135	15.36（δ=5mm）
	7T1327	74×130×2700	0.27	20.87（δ=5mm）
	7T0830	74×80×3000	0.15	17.07（δ=5mm）
	7T1330	74×130×3000	0.30	23.20（δ=5mm）

注　7T 指短翼为 70mmL 形调节板；08 指长翼的尺寸（08 代表 80mm）；27 指调节板长度（27 代表 2700mm）。

（6）连接角钢。用于墙的外角，两翼的宽度均为70mm，长度分1500mm、1200mm、900mm三种［图6.12（c）］。可在墙的外角处，将两块平模连接在一起成阳角，其代号、重量详见表6.9。

表6.9　　连接角钢规格一览表

名　　称	代　　号	规格（mm×mm×mm）	重量（kg）
连接角钢	7J0009	70×70×900	4.02（δ=4mm）
	7J0012	70×70×1200	5.33（δ=4mm）
	7J0015	70×70×1500	6.64（δ=4mm）

注　7J指边肋高模板的连接角钢；00指无翼沿（00代表0mm）；09指角钢长度（09代表90mm）。

6.2.6.2　连接件及配件

1. 连接件

连接件包括：楔板、小钢卡、大钢卡、双环钢卡、板销等。

（1）楔板。楔板是平面模板块、角模、调节板、连接角钢相互销定的连接件，如图6.13（a）所示，采用4mm厚钢板制作，两块楔板相互对楔就能将两块模板结合在一起，既牢固支拆又方便，其代号、规格、重量详见表6.10。

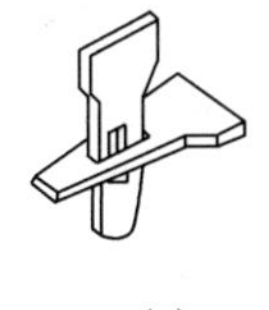

(a)

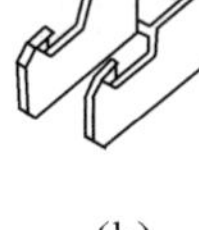

(b)

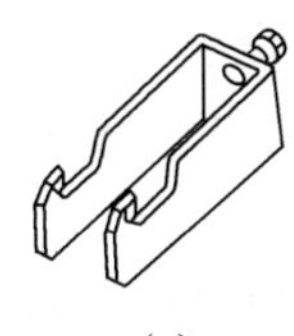

(c)

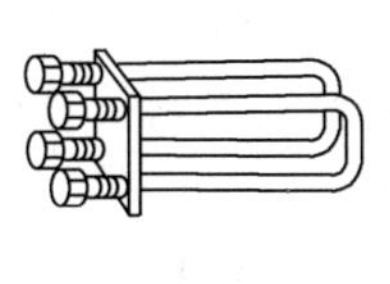

(d)

(e)

图6.13　模板连接件示意图

（a）楔板；（b）小钢卡；（c）大钢卡；（d）双环钢卡；（e）板销

表6.10　　70mm组合钢模板连接件规格一览表

名　　称	代　　号	规　　格	重量（kg）
楔　板	J01	1对楔板	0.13
小钢卡	J02	卡ϕ48	0.44
大钢卡	J03A	卡口50mm×100mm	0.64
大钢卡	J03B	卡［8槽钢	0.60
双环钢卡	J04A	卡2口50mm×100mm	2.40
双环钢卡	J04B	卡2个［8槽钢	1.70
板　销	J05	1个楔板、1个销键	0.11

（2）小钢卡。小钢卡是模板块与圆钢管龙骨的连接件，如图6.13（b）所示，钢卡的一头与模板块的销眼钩住，另一头卡住圆钢管龙骨并用顶丝顶牢。小钢卡采用4mm厚钢板制作，其代号、规格、重量详见表6.10。

（3）大钢卡。大钢卡是模板块与方钢管龙骨或槽钢龙骨的连接件，如图6.13（c）所示，钢卡的一头与模板块的销眼钩住，另一头卡住方钢管龙骨或槽钢龙骨，并用顶丝顶牢。大钢卡采用4mm厚钢板制作，其代号、规格、重量详见表6.10。

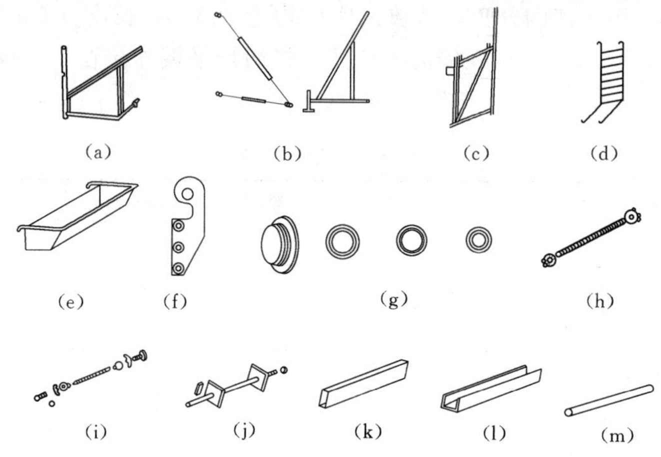

图 6.14　70mm 组合钢模板配件

(a) 平台支架；(b) 斜支撑 A、B 型；(c) 外墙挂架；(d) 钢爬梯；(e) 工具箱；(f) 吊环；(g) 塑料堵塞；(h) 对拉螺栓；(i) 组合对拉螺栓；(j) 锥形对拉螺栓；(k) 方钢管龙骨；(l) 槽钢龙骨；(m) 圆钢管龙骨

(4) 双环钢卡。双环钢卡是组合大墙模板纵横两根方钢管龙骨或纵横两根槽钢龙骨的连接件，如图 6.13 (d) 所示，双环钢卡的一头卡住一根横龙骨，另一头卡住一根纵龙骨，并采用螺栓与钢垫板锁紧。双环钢卡采用 8mm 厚钢板及 ϕ16 螺栓制作，其代号、规格、重量详见表 6.10。

(5) 板销。板销是与楔板配合使用的模板连接件，如图 6.13 (e) 所示，板销从两块模板边肋上的销眼穿过，再用一块楔板从板销眼中穿过楔紧，即可将两块模板锁紧，板销采用 ϕ13 高强度圆钢制作，其代号、重量详见表 6.10。

2. 模板配件

模板配件是指将模板块组成整体大模板的部件，包括：平台支架、斜支撑、外墙挂架、钢爬梯、工具箱、吊环、塑料堵塞、方钢管龙骨、槽钢龙骨、圆钢管龙骨等。

(1) 平台支架。平台支架是整体大墙模板浇筑混凝土操作平台的支架，如图 6.14 (a) 所示，平台支架上横梁钢柱大墙模板顶部边肋的销眼，下横梁卡住模板的横肋，并用螺栓锁牢。制作材料分 A、B 型两种，A 型采用 40mm × 40mm 方钢；B 型采用[5 槽钢，其护身栏立杆均采用 ϕ48 钢管制作。其代号、规格、重量详见表 6.11。

(2) 斜支撑。斜支撑是组合整件大墙模板调整模板垂直度及支撑的工具。斜支撑分 A、B 型两种，如图 6.14 (b) 所示，A 型既可调整模板的垂直度，又可调整支撑与模板之间的距离；B 型仅能调整模板的垂直度。A 型采用 ϕ60 钢管及 ϕ38 丝杠制作；B 型采用[5 槽钢及 ϕ38 顶丝制作。其代号、规格、重量详见表 6.11。

(3) 外墙挂架。外墙挂架是外墙组合大模板的支撑平台支架，如图 6.14 (c) 所示，悬挂在下一层的外墙上，外墙挂架靠墙一侧采用[8 槽钢制作，其余采用 ϕ48 钢管制作，悬挂外墙挂架的穿墙螺栓，采用高强度 (T25) 钢制作，其代号、规格、重量详见表 6.11。

表 6.11　**70mm 组合钢模板配件规格一览表（一）**

名　称	代　号	规 格	重量（kg）
平台支架	P01A	40mm×40mm 方钢管	11.07
	P01B	50mm×26mm 槽钢	13.10
斜支撑	P02A	ϕ60 钢管 1 底座 2 销轴卡座	30.64
	P02B	50mm×26mm 槽钢	12.82
外墙挂架	P03	[8 槽钢 ϕ8 钢管 T25 高强螺栓	65.84
钢爬梯	P04	Φ16 钢筋	18.42
工具箱	P05	3mm 厚钢板	26.80
吊　环	P06	8mm 厚、ϕ12 螺栓 3 个	1.38

注　P 指配件；01 指 1 号；A 指 A 型。

（4）钢爬梯。钢爬梯是组合大钢模操作平台上下人用的爬梯如图 6.14（d）所示，爬梯上端挂在平台支架水平钢管上，下端羊眼圈贴紧模板边肋的销眼，并用螺栓锁牢。其代号、规格、重量见表 6.11。

（5）工具箱。工具箱是施工时支拆组合大模板存放工具及零配件用钢，如图 6.14（e）所示，支托在组合大模板横龙骨上，并采用 ϕ12 螺栓锁在模板块的销眼上。工具箱采用 3mm 厚钢板Φ12 钢筋制作，其代号、规格、重量详见表 6.11。

（6）吊环。吊环是用来吊装组合大模板挂钩的，如图 6.14（f）所示，采用 8mm 厚钢板制作，下部三个螺栓眼采用 ϕ12 螺栓与组合大模板边肋上的销眼连接，上部圆孔是挂吊钩用的。其代号、规格、重量详见表 6.11。

（7）塑料堵塞。塑料堵塞是临时堵塞组合大钢模板穿墙螺栓孔用的，如图 6.14（g）所示，采用塑料制作，其代号、规格、重量详见表 6.12。

表 6.12　**70mm 组合钢模板配件规格一览表（二）**

名　称	代　号	规　格	重量（kg）
塑料堵塞	SS25	ϕ25	1/500 个
	SS18	ϕ18	
	SS16	ϕ16	

注　SS 指塑料堵塞；25 指 ϕ25。

（8）穿墙螺栓。穿墙螺栓有对拉螺栓、组合对拉螺栓和锥形对拉螺栓三种［图 6.14（h）～（j）］，其性能各不相同。对拉螺栓使用时需附加套管，便于螺栓的安装和拆除，也利于螺栓的重复使用，采用 ϕ22 或 ϕ25 圆钢制作；组合对拉螺栓分三节，采用止水螺栓连接，使用时中间一节浇筑在混凝土墙体内，起到止水的作用，两个端节及止水螺栓可以拆除后重复使用，采用 ϕ16 圆钢制作；锥形对拉螺栓使用时不用附加套管，由于螺杆一头粗（ϕ30），一头细（ϕ26），利于螺栓的安装和拆除，采用 ϕ30 圆钢制作。其代号、规格、重量详见表 6.13。

（9）龙骨（背楞）。龙骨有方钢管龙骨、槽钢龙骨、圆钢管龙骨三种［图 6.14（k）、（l）、（m）］，用于组合大钢模的背楞，方钢管龙骨采用 3mm 厚钢板定型生产，槽钢龙骨及圆钢管龙骨采用通用型材及管材，其代号、规格、重量详见表 6.14。

表 6.13 70mm 组合钢模板配件规格一览表（三）

名　称	代　号	规　格	重量（kg）
对拉螺栓	DS2570	T25 $L=700$mm	3.35
	DS2270	T22 $L=700$mm	3.00
组合对拉螺栓	ZS1670	M16 $L=650$mm	2.14
锥形对拉螺栓	ZUS3096	$\phi26\sim\phi30$ $L=965$mm	7.12
	ZUS3081	$\phi26\sim\phi30$ $L=815$mm	6.29

注 DS 指对拉螺栓；25 指 $\phi25$；70 指螺杆长 700mm；ZS 指组合对拉螺栓；16 指 $\phi16$；70 指螺杆长 700m；ZUS 指锥形对拉螺栓；30 指 $\phi30$；96 指螺杆长 965mm。

表 6.14 70mm 组合钢模板配件规格一览表（四）

名　称	代　号	规　格	重量（kg/m）
方钢管龙骨	LGA	□50×100 L 按需要	6.6
槽钢龙骨	LGB	[8 槽钢 L 按需要	8.04
圆钢管龙骨	LGC	$\phi48$ L 按需要	3.84

注 LG 指龙骨；A 指 A 型。

6.2.6.3 早拆支撑系统

早拆支撑系统是由支撑楼（顶）板模板的早拆柱头、主次梁及支撑杆件组成。

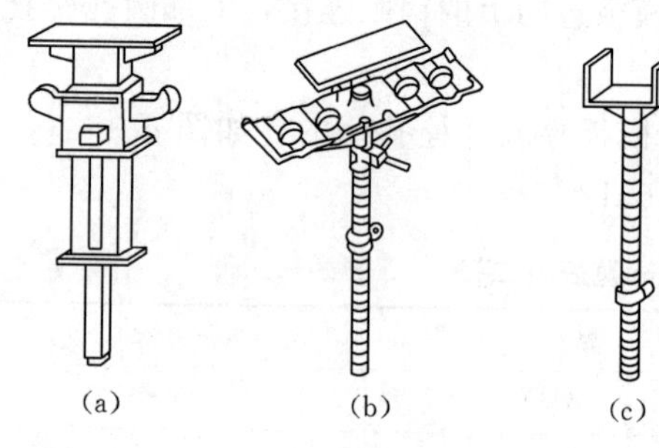

图 6.15 楼（顶）板模板支撑柱头示意图
（a）早拆柱头；（b）多功能早拆柱头；
（c）可调托撑

1. 柱头

柱头有早拆柱头、多功能早拆柱头和可调托三种。

（1）早拆柱头。早拆柱头为精密铸钢件，是用于支撑模板梁的支拆装置［图 6.15（a）］箱形主梁的梁头挂在柱头的梁托上，当楼板混凝土浇筑 3～4 天后（混凝土强度达到设计强度的 50%以上），可用锤子敲击柱头的支承板，使梁托下落 115mm。此时便可先拆除模板梁及模板，而柱头顶板仍然支顶着现浇楼板，直到混凝土强度增长到符合规范允许拆模数值为止。早期拆模原理如图 6.16 所示。

柱头的承载力为 35.3kN，其代号、规格、重量详见表 6.15。

表 6.15 早拆支撑配件（柱头）规格一览表

名　称	代　号	规　格	重量（kg）
早拆柱头	ZTOA	70mm 型	4.26
多功能早拆柱头	ZTOB	多功能型	7.83
可调托撑	KLT300	可调范围 0～300mm	6.10
可调托撑	KLT600	可调范围 0～600mm	8.35

注 ZTO 指柱头；A 为早拆型，B 为多功能早拆柱头；KLT 指可调托撑；300 指可调范围 300mm。

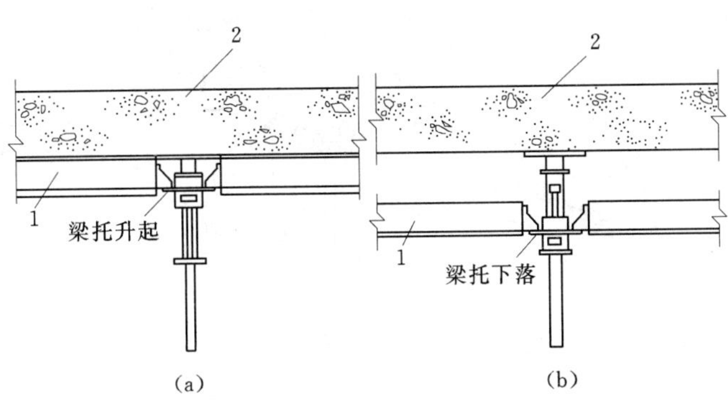

图 6.16　早期拆模原理

(a) 支模；(b) 拆模

1—模板主梁；2—现浇楼板

(2) 多功能早拆柱头。多功能早拆柱头［图 6.15 (b)］，是在早拆柱头原理基础上研制成可与□50mm×100mm 方钢管、槽钢、方木支撑梁配合使用的早拆装置，既适用于支撑 70mm 组合钢模板，也适用于支撑 55mm 型钢模板、木模板、胶合板模板以及其他类型的模板，故称为多功能早拆柱头。采用铸钢和 $\phi38$ 丝杠制作，其代号、规格、重量详见表 6.15。

(3) 可调托撑。可调托撑［图 6.15 (c)］，是一种不能早拆的柱头，但可调节高度，可与不同材质、不同规格的支撑梁配合使用。可调托撑采用 $\phi38$ 丝杠与 6mm 厚钢板制作，其代号、规格、重量详见表 6.15。

2. 主、次梁

主、次梁包括箱形主梁、悬臂梁头及次梁头。

(1) 箱形主梁［图 6.17 (a)］。为 3mm 厚钢板空腹结构，上端有 50mm 宽的翼缘，安装后上表面与模板面平，两侧翼缘用于支设模板块，两端通过舌头挂在柱头的梁托上，其代号、规格、重量详见表 6.16。

(2) 悬臂梁头。悬臂梁头［图 6.17 (b)］，采用 $\phi48$ 钢管及 4mm 厚钢板制作，用作端头非标准模板的支撑。它与模板箱形主梁一样，当梁头挂在柱头的梁托上支起后，能够自锁不会脱落。梁体为木质，其代号、规格、重量详见表 6.16。

表 6.16　　支撑配件（主次梁）规格一览表

名　称	代　号	规　格	重量 (kg)
箱形主梁	7L185	柱心距 1850mm	14.10
	7L155	柱心距 1550mm	11.95
	7L125	柱心距 1250mm	9.70
	7L095	柱心距 950mm	7.53
悬臂梁头	7XL	70mm 型	5.90
次梁头	7CL	70mm 型	0.85

注　7 指模板的厚度（7 代表 70mm）；L 指模板箱形主梁；185 指立柱中心距（185 代表 1850mm）；XL 指模板悬臂梁头；CL 指模板次梁头。

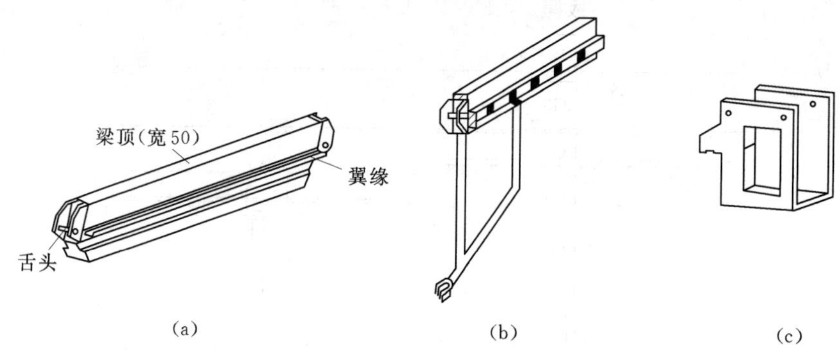

图 6.17 楼（顶）板模板主次梁示意图
(a) 箱形梁；(b) 悬臂梁头；(c) 次梁头

(3) 次梁头。次梁头［图 6.17 (c)］，采用 4mm 厚钢板制作，用于无边框模板系统，梁头挂在箱形主梁的翼缘上，梁体为木质，其代号、规格、重量详见表 6.16。

(4) 方钢管梁及槽钢梁。方钢梁及槽钢梁与组合整体大墙模板方钢管龙骨及槽钢龙骨相同［图 6.14 (k)、(l)］。其图 6.17 主次梁连接及次梁示意图代号、规格、重量详见表 6.16。

3. 支撑杆件

支撑杆件包括立杆、横杆、斜杆、地脚调节丝杠、立杆销。

(1) 立杆。用于支设楼（顶）板模板的垂直支撑［图 6.18 (a)］，每 600mm 有一个碗扣，以便与横杆连接。当横杆间隔为 1.5m 时，每根立杆可承受荷载 35.3kN。其代号、规格、重量详见表 6.17。

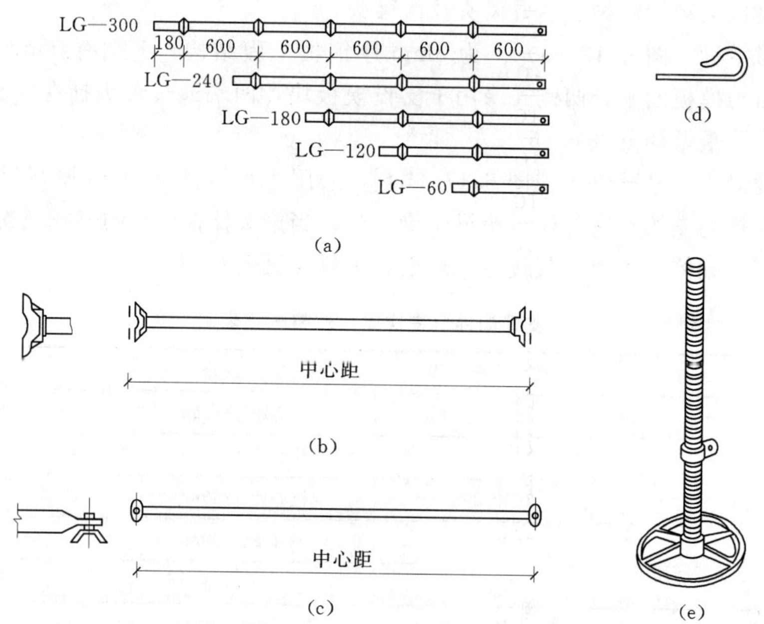

图 6.18 楼（顶）板模板支撑杆件示意图
(a) 立杆；(b) 横杆；(c) 斜杆；(d) 立杆销；(e) 地脚调节丝杠

表 6.17　　顶板模板支撑杆件及配件规格一览表

名　称	代　号	规格（mm）	重量（kg）
立　杆	LG300	有效 $L=3000$	16.68
	LG240	有效 $L=2400$	13.45
	LG180	有效 $L=1800$	10.35
	LG120	有效 $L=1200$	7.20
	LG060	有效 $L=600$	4.00
横　杆	HG185	心距 1850	7.46
	HG155	心距 1550	6.32
	HG125	心距 1250	5.16
	HG95	心距 950	3.95
	HG65	心距 650	2.78
斜　杆	XG300	心距 3000　2400×1800	13.10
	XG258	心距 2581　1850×1800	11.46
	XG220	心距 2205　1850×1200	10.00
	XG237	心距 2375　1550×1800	10.70
	XG196	心距 1960　1550×1200	9.10
	XG173	心距 1733　1250×1200	8.20
立杆销	LX	$\phi10$	0.125
地脚调节丝杠	TG060A	T38　$L=760$	6.9
	TG060B	T36　$L=760$	6.13
	TG050A	T38　$L=660$	6.1
	TG050B	T36　$L=660$	5.47
	TG030A	T38　$L=460$	4.7
	TG030B	T36　$L=460$	4.19

注　LG 300　LG指立杆，300指立杆的高度300mm；HG 185　HG指横杆，185指横杆的中心距185mm；XG 300　XG指斜杆，300指斜杆的中心距300mm；LX指立杆销；TG 060A　TG指地脚调节丝杠，060指有效高度600mm，A—A型（$\phi38$），B型（$\phi36$）。

（2）横杆。用于支设楼顶板模板的水平横撑［图6.18（b）］，横杆的两端焊有连接销，以便与立杆的碗扣连接。其代号、规格、重量详见表6.17。

（3）斜杆。用于支设楼顶板模板的斜撑［图6.18（c）］，斜杆两端焊有旋转连接销，以便与立杆的碗扣连接，其代号、规格、重量详见表6.17。

（4）立杆销。立杆销为立杆连接的锁定配件［6.18（d）］，其代号、重量详见表6.17。

（5）地脚调节丝杠。地脚调节丝杠是楼（顶）板模板的垂直地脚支撑杆件［图6.18（e）］，可调节垂直高度，也便于模板找平，其代号、规格重量详见表6.17。

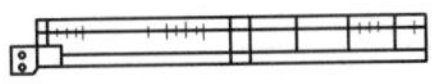

图6.19　柱模加强板示意图

4. 柱模配件

柱模由 70mm 平面钢模板、加强板、板销、斜支撑等组成，除加强板外均采用墙体模板块及配件。加强板（图 6.19）采用 4mm 厚钢板制作。其代号、规格、重量详见表 6.18。

表 6.18　　柱模配件规格一览表

名　　称	代　　号	规格（mm）	重量（kg）
柱模加强板	ZGOA12	L=1200，4 根一组	21.84
	ZGOA09	L=900，4 根一组	17.04

注　ZG 指柱模加强板；OA 指 A 型；12 指长度（12 代表 1200mm）。

6.2.7　职业活动训练

（1）组织学生参观附近的在建工程，直观感受基础模板施工过程，加深学生的理解。

（2）邀请施工企业的模板工长与学生互动，交流模板工程施工的经验教训，提高学生模板工程施工的基本能力。

附　　图

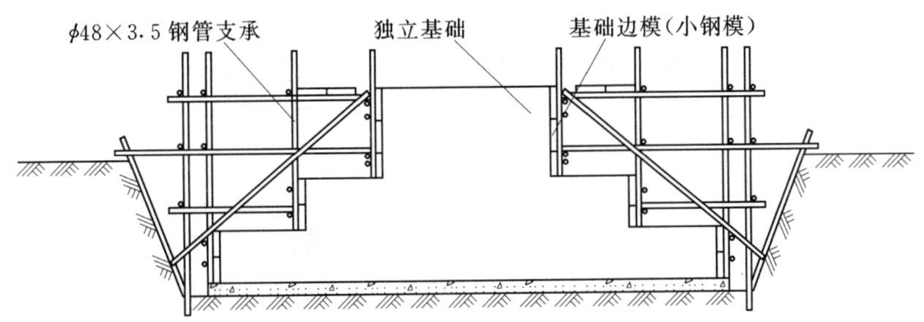

附图 1　独立基础（短柱）支模示意图——小钢模

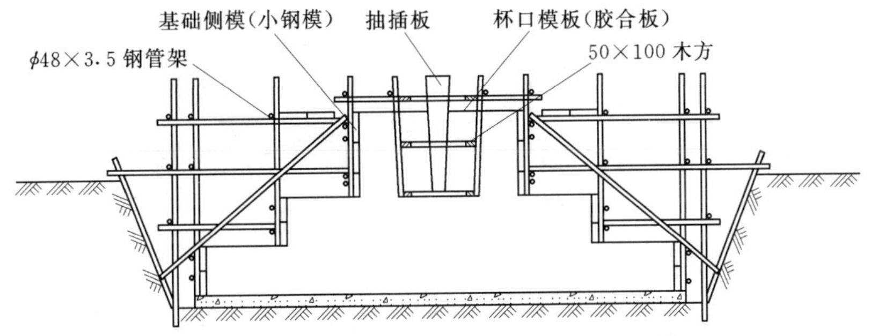

附图 2　独立基础（短柱）支模示意图——小钢模

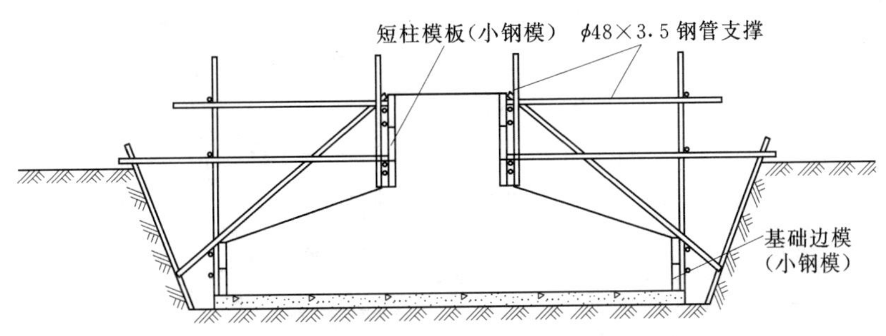

附图 3　独立基础（短柱）支模示意图——小钢模

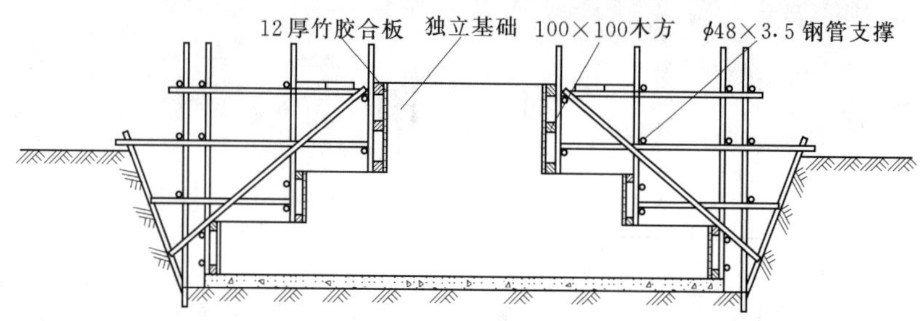

附图4　独立基础支模示意图——竹胶合板

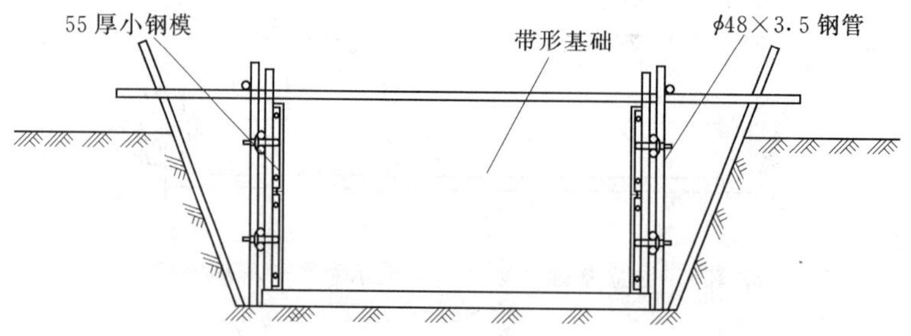

附图5　带形基础支模示意图——小钢模

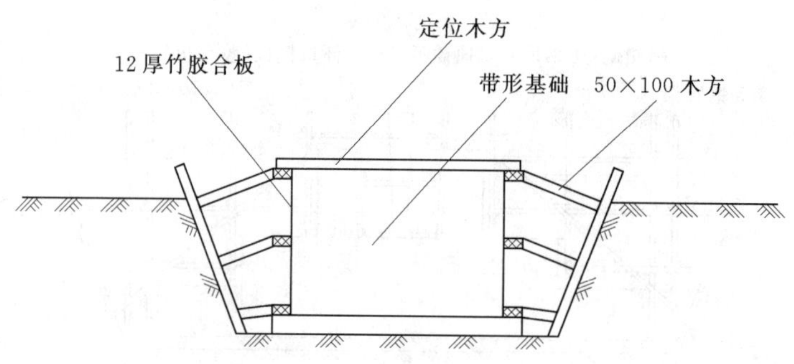

附图6　带形基础支模示意图——竹胶合板

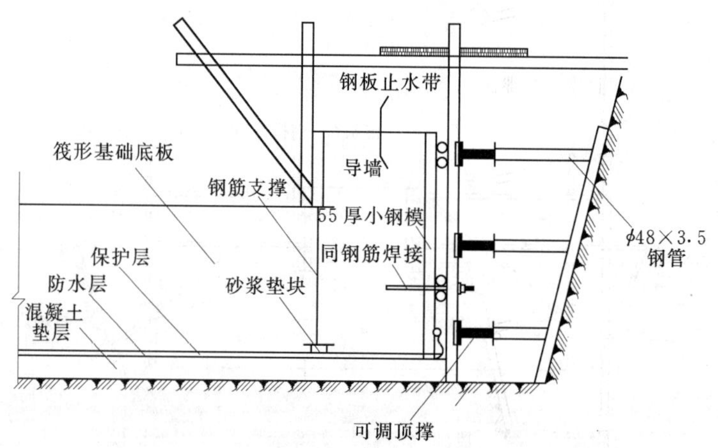

附图7　筏形基础支模示意图——小钢模

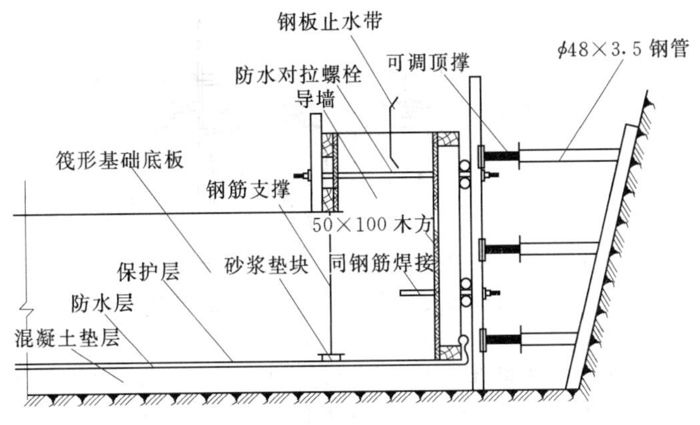

附图 8 筏形基础支模示意图——竹胶合板

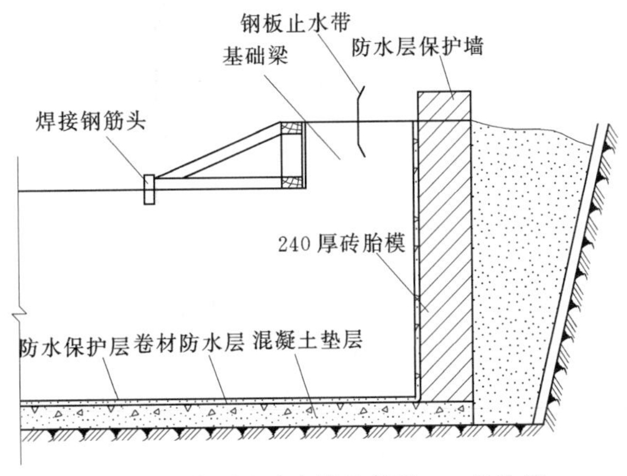

附图 9 筏形基础支模示意图——砖胎模

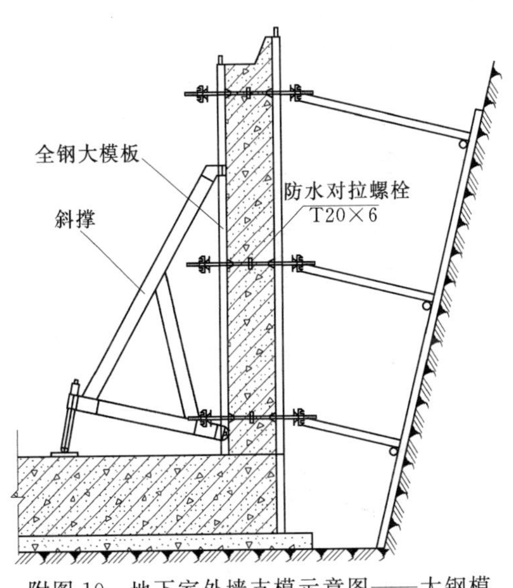

附图 10 地下室外墙支模示意图——大钢模

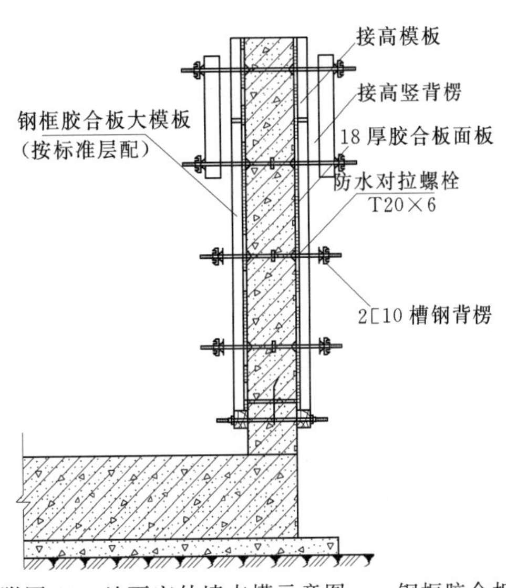

附图 11 地下室外墙支模示意图——钢框胶合板

参　考　文　献

[1]　杨嗣信主编. 建筑工程模板施工手册（第二版）. 北京：中国建筑工业出版社，2004.

[2]　张良杰，张为增著. 新型建筑模板实用技术. 北京：中国建筑工业出版社，2007.

[3]　侯君伟主编. 模板工长. 北京：中国建筑工业出版社，2008.

[4]　糜嘉平主编. 建筑模板与脚手架研究及应用. 北京：中国建筑工业出版社，2001.

[5]　李建钊. 施工员全能图解. 天津：天津大学出版社，2009.